수학이 보인다

History

수학이 보인다 History

지은이 강문봉
펴낸이 조경희
펴낸곳 경문사
펴낸날 2012년 8월 25일 1판 1쇄
2021년 5월 20일 1판 4쇄
등 록 1979년 11월 9일 제1979-000023호
주 소 04057, 서울특별시 마포구 와우산로 174
전 화 (02)332-2004 팩스 (02)336-5193
이메일 kyungmoon@kyungmoon.com

값 11,000원

ISBN 978-89-6105-621-2

수학 오디세이★29

교과서에는 없는 수학의 역사 이야기

수학이 보인다

History

강문봉 지음

KM 경문사

서문

어릴 적에 필자는 수학이란 신이 만든 것인 줄만 알았다. 폴 에어디쉬의 표현을 인용한다면, 하나님의 책을 위대한 수학자가 훔쳐보고 기록한 것이 수학이라고 생각했다. 그래서 항상 두려웠고, 두려우면서도 그 신비함에 흥미를 느꼈던 것 같다. 학창시절 친구들은 두려움으로 수학을 포기했고 하나님의 책을 훔쳐볼 작정인지 수학시간에 늘 수면을 취하곤 했다. 친구들은 어른이 되어서도 수학이 쉽게 좋아지지 않는다고 말한다. 그래서 그런지 수학교육을 전공했다고 말하면 외계인을 보는 양 신기해하며 바라보곤 한다.

수학을 공부하면서 수학은 신이나 외계인에게서 전달받은 것이 아니라 우리가 필요해서 만들어졌으며, 그것도 오랜 세월을 거쳐 수많은 사람들이 고치고 다듬어서 지금의 모습을 갖추게 되었다는 것을 알게 되었다.

수학의 역사는 인간의 삶의 역사와 같다고 해도 과언이 아닐 것이다. 공룡이 언제 살았는지, 어떻게 생존하다가 멸망했는지에는 관심이 많지만, 숫자가 언제 생겨났는지, 소수와 분수는 어떻게 생겨났는지 등 **수학의 발생과 발전** 그리고 **사라짐**에는 관심을 기울이지 않는 사람들이 많다. 천재라고 불리던 수학자들도 좌절하기도 하고 즐거워하기도 하고 실패하기도 하고 성공하기도 했던 사실이나, 수학이 어떻게 만들어지고 어떻게 모습을 변형하면서 발전해 왔는지를 알게 되면, 도도했지만 속 모습은 한없이 약했던 친구마냥 수학도 가깝고 다정한 존재가 될 것이다.

이 글은 2007년 필자가 경향신문에 연재했던 글과 평소에 써 두었던 글을 모아서 수정 · 보완한 것이다. 수학의 역사적 발달 과정을 드러내려고 시도했던 글들이다.

이 책을 통해 **수학의 인간성과 존재성**을 느낄 수 있었으면 좋겠다. 수학을 배우는 친구들이나 수학을 가르치는 선생님들이 수학의 어린 시절과 수학자들의 노력을 이해할 수 있기를 간절히 바라는 마음이다. 수학이 인간과 함께 항상 살아왔고, 인간의 생활에 그리고 문명에 엄청난 영향을 미쳤다는 것을 알게 됨으로써 수학이 외계인의 것도, 신의 것도 아닌 **우리 자신의 것**임을 깨닫게 되기를 바라는 마음이다. 그렇게 해서 수학과 더욱 친해질 수 있었으면 좋겠다.

혹시라도 어려운 수학 내용이 나오면 가벼운 마음으로 사뿐히 건너가자. 언젠가 다시 이해가 되면 그때 깊이 살펴봐도 늦지 않을 것이다. 끝으로, 책의 내용을 검토하고 지적해 준 수학과 문화 연구소의 김정하 선생과 이화영 선생, 그리고 경문사 관계자들께 감사를 드린다.

강문봉

차례

1 수와 숫자

2 계산 방법

3 도형과 측정

4 수학자

5 기타

1

수와 숫자

1-1 수의 이름과 숫자는 어떻게 만들었을까?

인간은 물건의 개수를 세거나 무엇을 재기 시작하면서 수를 생각하게 되고, 수의 이름을 만들고 수를 나타내는 숫자를 만들었다. 수의 이름과 숫자를 만드는 방법은 나라마다 달라서 매우 흥미롭다.

먼저, 수의 이름부터 알아보자.

우리나라에서는 **하나, 둘, 셋, …, 열**까지의 수의 이름을 만들고 그 다음부터는 **열하나**(열+하나)와 같이 덧셈을 이용하여 보다 큰 수의 이름을 만들었으며, **스물, 서른, 마흔,** … 과 같이 열 단위로 새로운 수의 이름을 만들어 사용하였다. 이런 이름을 어떻게 만들었는지는 알 수 없지만, **다섯**이라는 말은 손가락으로 수를 세면서 하나하나 접다가 다 접어서 손가락을 다 '닫았기' 때문에 생긴 이름이고, **열**은 그 반대로 손가락을 다 '열었기' 때문에 생긴 이름인지도 모른다.

중국에서는 **열**마다 새로운 이름을 만드는 우리나라와 달리 **이십**(이×십), **이십삼**(이×십+삼), **삼십**(삼×십)과 같이 곱셈과 덧셈을 이용하였다. 그런데 영어권에서는 one, two, …, ten, eleven, …, twenty와 같이 스무 개의 수 이름을 만들었다. 그리고 그 다음부터는 twenty-one과 같이 덧셈을 이용하여 그보다 큰 수의 이름을 만들었다. 캄보디아 사람들은 뭐이(1), 삐(2), 바이(3), 부온(4), 쁘람(5), 쁘람뭐이(6), 쁘람삐(7)와 같은 이름을 사용한다. 이렇게 보면 영어권보다 우리나라와 중국이 더 체계적으로 수의 이름을 만들었다는 사실을 알 수 있다.

이와 같이 수의 이름을 만드는 방법이 나라마다 다양하지만, 큰 수의 이름을 만드는 방법도 역시 다르다. 중국에서는 **만**(10^4), **억**(10^8), **조**(10^{12})와 같이 네 자리마다 새로운 이름을 만들었다. 그러

나 영어권에서는 thousand(10^3), million(10^6), billion(10^9)과 같이 세 자리마다 새로운 이름을 만든다. 우리가 숫자를 나타낼 때 세 자리마다 콤마를 찍는 이유는 세 자리마다 수의 이름을 만드는 서양식 방법 때문이다.

수를 나타내는 기호인 숫자를 만드는 방법 역시 다양하다. [그림 1]은 여러 나라에서 사용하는 1에서 10까지의 수의 기호이다.

고대 바빌로니아나 고대 이집트의 경우 사용한 기호만 다를 뿐, 수를 표현하는 방식은 비슷하다. 물론 큰 수를 나타내는 방법에서는 큰 차이가 있다. 마찬가지로 마야나 로마도 서로 비슷한 방법을 사용하고 있음을 알 수 있다. 특히 로마 사람들은 5(V)와 10(X)의 왼쪽에 표시된 것은 빼는 것으로(IV=V−I), 오른쪽에 표시된 것은 더하는 것으로(VI=V+I) 표시하고 있음을 알 수 있다. 중국과 인도는 완전히 다른 기호를 사용하여 1에서 9까지의 수를 나타내고 있다.

인도	1	2	3	4	5	6	7	8	9	10
고대 바빌로니아	∨	∨∨	∨∨∨	∨∨∨ ∨	∨∨∨ ∨∨	∨∨∨ ∨∨∨	∨∨∨ ∨∨∨ ∨	∨∨∨ ∨∨∨ ∨∨	∨∨∨ ∨∨∨ ∨∨∨	≺
고대 이집트	ǀ	ǀǀ	ǀǀǀ	ǀǀǀǀ	ǀǀǀǀǀ	ǀǀǀǀǀǀ	ǀǀǀǀǀǀǀ	ǀǀǀǀǀǀǀǀ	ǀǀǀǀǀǀǀǀǀ	∩
마야	•	••	•••	••••	—	• —	•• —	••• —	•••• —	— —
로마	I	II	III	IV	V	VI	VII	VIII	IX	X
중국	一	二	三	四	五	六	七	八	九	十

[그림 1] 여러 나라의 숫자

10 100 1000 10000 100000 1000000 10000000

[그림 2] 고대 이집트 숫자

문제는 10 이상의 큰 수를 나타내는 방법이다. 고대 이집트 사람들은 **십, 백, 천, 만, 십만, 백만**과 같은 수에 대해서 [그림 2]와 같이 각각 새로운 기호를 만들어서 사용하였다. 이집트의 기록물 중의 하나인 [그림 3]이 무엇을 뜻하는지 생각해 보라. 염소 그림이 있고, 놀란 사람이 하나, 올챙이가 4마리, 손가락이 2개, 연꽃이 2개 있으므로, 이 그림은 염소 1,422,000마리를 뜻한다. 이와 같이 하나하나의 기호가 각각의 수의 값을 나타내고 있는데, 이렇게 수를 나타내는 방법을 **절대기수법**이라고 말한다. 이와 같이 10배가 될 때마다 새로운 기호를 만들어야 한다면 큰 수가 필요할 때마다 새로운 기호를 만들어야 하는 문제가 생긴다.

그러나 고대 바빌로니아나 마야, 인도에서는 몇 개의 기호만 사

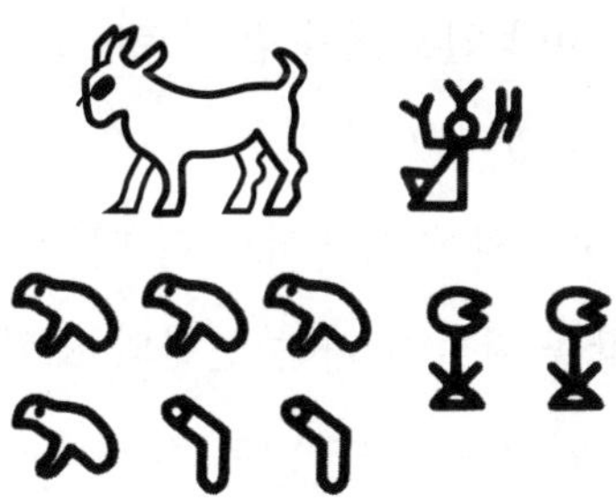

[그림 3]

용하고 이 기호들이 놓여 있는 위치에 따라 그 값이 달라지는 **위치적 기수법**을 사용하였다. 바빌로니아인들은 60이 되면 한 자리를 옮겨서 쓰는 60진법을, 마야인들은 20이 되면 한 자리를 옮기는 20진법을 구상하였다. 우리가 현재 사용하고 있는, 자리가 왼쪽으로 하나 이동할 때마다 10배씩 커지는 십진법은 인도인들이 만들어 내었다. 예를 들어, 바빌로니아인들이 23이라고 썼다면 이 값은 60이 2개, 낱개가 3개이므로 123을 의미한다.

인도인들은 오래 전부터 1에서 9까지의 숫자를 사용하다가 나중에 0이라는 기호도 만들었는데, 이 기호들이 16세기경에서야 우리가 지금 사용하는 숫자와 비슷한 모양으로 변하였다. 위치적 기수법을 사용하면 십진법의 경우 새로운 기호를 만들 필요 없이 10개의 기호만 가지고도 얼마든지 큰 수를 나타낼 수 있게 된다.

이 인도의 숫자와 수를 나타내는 위치적 기수법은 8세기경에 아라비아로 전해지고, 이어서 유럽에 전해졌기 때문에 유럽 사람들은 이것을 **아라비아 숫자**라고 불렀는데, 지금은 인도아라비아 숫자라고 부른다. 당시 유럽에서는 로마 기수법이 사용되고 있어서, 17세기가 되어서야 인도 기수법이 로마 기수법을 물리치고 완전히 자리를 잡게 되었다고 한다.

수의 이름이나 숫자의 역사에서도 각 민족의 문화나 사고를 느낄 수 있으며 수학을 만들어 가는 인간의 노력을 발견할 수 있다는 것은 흥미로운 일이 아닐 수 없다. 또한 찬란한 문화를 이루었던 이집트나 로마의 숫자가 사라지고 인도의 숫자와 기수법이 세계를 지배하게 된 것은 다름 아니라 인도 기수법이 수를 기록하거나 계산하는 데 더 효과적이었기 때문이라는 점도 주목할 만하다.

1-2 큰 수의 이름은 무엇일까?

우리나라의 2011년 예산은 대략 310조 원이라고 한다. 우리 주변의 아파트 가격이 수억 원인 것은 이미 익숙한 사실이다. 이처럼 우리는 주변에서 쉽게 **억**이나 **조**라는 단위를 듣게 된다. 2011년 우리나라 파생금융 상품의 거래 규모가 3경 원이라고 하는 것을 보면 이제는 **경**이라는 단위도 쉽게 들을 수 있을 것 같다. 그렇다면 여러분이 알고 있는 가장 큰 수의 이름은 무엇인가? 어떤 사람은 **무한** 또한 **무한대**라고 말하기도 하지만, 무한은 수의 이름은 아니다.

현대에도 아프리카나 브라질의 어느 원주민들은 **하나, 둘, 많다**와 같은 정도의 수만 알고 있다고 한다. 그러나 문명이 발달하면서 우리는 큰 수가 필요하게 되고, 큰 수를 나타내는 기호와 이름을 만들어 내게 된다. 그러한 기호와 이름을 어떻게 만들었는지, 그 아이디어가 재미있고 무엇인가 암시하는 것이 있다. 고대 이집트에서는 호숫가에 많이 있는 올챙이의 그림으로 **십만**을 나타내고, (너무 많아서) 깜짝 놀라는 사람의 모습으로 **백만**이라는 수를 나타내었다는 것을 생각해 보라.

지금 우리가 사용하는 큰 수의 이름을 살펴보자. 수를 나타내는 순수 우리말에는 **열**(십), **온**(백), **즈믄**(천), **드먼**(만), **골**(경), **잘**(정) 등이 있다. 온 세상, 온 누리 또는 2009년에 남극 지방을 순항한 우리나라의 첫 쇄빙선 아라온호나 2011년에 우리나라에서 처음으로 개발에 성공한 민간 소형항공기인 나라온에 들어 있는 **온**이라는 말은 '전부'를 의미하기도 하지만 백을 뜻하는 순수 우리말 수 이름이기도 하다. 만 가지 지류를 가졌다는 두만강은 만을 뜻하는 **드먼**에서 변하여 두만강이 된 것이며, 여러 번을 강조하여 이르는 말인 '골백번'의 **골**은 1 다음에 0이 16개 붙은 수를 나타내는 말이라고 한다. 물론 이러한 말이 지금 우리가 사용하고 있는 만이나 경과 같이 정확한 크기를 나타냈다고 하기는 어려울 것이다. 그럼에도 불구하고 굉장히 큰 수를 나타내는 순수 우리말이 있었다는 것은 알 수 있다. 세월이 지나면서 수를 나타내는 많은 순수 우리말은 한자말에 밀려 없어지거나 쓰지 않게 되었다. 큰 수를 나타내는 한자말은 다음과 같다.[1)]

---

1) 2세기경에 쓰인 〈수술기유〉에 이와 같은 큰 수의 이름이 있다(조셉 니덤, 1977, 중국의 과학과 문명, 까치글방, 49쪽).

큰 수의 이름	
10^4	만(萬)
10^8	억(億)
10^{12}	조(兆)
10^{16}	경(京)
10^{20}	해(垓)
10^{24}	자(秭)
10^{28}	양(穰)
10^{32}	구(溝)
10^{36}	간(澗)
10^{40}	정(正)
10^{44}	재(載)
10^{48}	극(極)
10^{52}	항하사(恒河沙)
10^{56}	아승기(阿僧祇)
10^{60}	나유타(那由他)
10^{64}	불가사의(不可思議)
10^{68}	무량대수(無量大數)

이 이름들은 0이 4개씩 붙을 때마다 생긴 이름으로, 그 중 **무량대수**는 1 다음에 0이 68개 붙은 수이다. **만**에서 **조**까지의 수는 중국의 후한 시대에 있었는데, 당나라 때 불교의 영향으로 이렇게 큰 수의 이름이 만들어지게 되었다고 한다.

항하사는 인도의 갠지스 강의 모래라는 뜻으로, 무수히 많은 수를 의미한다. **불가사의**는 인간의 생각으로는 미루어 헤아릴 수 없을 만큼 많다는 의미이며, **무량대수**는 **무량수**라고도 하는데, 아미타불과 그 땅의 백성의 수명이 한량이 없음을 의미한다. 어떤 사람은 글자 수가 많은 **항하사**부터는 0이 4개가 아닌 8개가 붙을 때의 이름이라고 주장하기도 한다. 그렇게 생각하면 무량대수는 0이 88개 붙은 수가 된다.

인간이 100년을 산다 해도 그것을 초로 나타내면 30억 초 정도에 불과하고, 우주의 나이인 150억 년도 초로 나타내면 50경 초에 불과하니, 불가사의나 무량대수가 얼마나 큰 수인지 상상조차 하

기 힘들 것이다. 그러나 사실 이러한 큰 수는 사용되는 곳도 없고 필요하지도 않아서 이보다 더 큰 수의 이름을 만들 필요도 없다.

그런데도 인간은 필요하지도 않은 수에 관심을 가지곤 한다. 그래서 이보다 더 큰 수를 만들어 낸 사람이 있으니, 그는 미국의 수학자 케스너(Kasner)의 아홉 살 난 어린 조카 밀톤 시로타이다. 1938년에 케스너와 그 조카는 세상에서 가장 큰 수에 대해서 이야기하면서 **구골**(googol)과 **구골 플렉스**라는 이름을 만들어 냈다. 구골은 1 다음에 0이 100개가 붙은 수이며 구골 플렉스는 1 다음에 0이 구골 개 더 붙은 수이다. 유명한 검색 사이트인 구글은 구골이라는 이름을 사용하려다가 잘못 써서 된 이름이라고 하니, 구골이라는 이름은 이제 모두가 인정하는 수 이름이 된 모양이다.

수학적으로 재능이 있는 어린이는 어릴 적부터 일찍 큰 수에 관심이 많다고 한다. 그러니 여러분도 큰 수의 이름을 새롭게 만들어 보면 어떨까?

1-3 영(0)은 어떻게 만들어졌을까?

숫자 영(0)이 없으면 어떤 일이 일어날 것인지 생각해 본 적이 있는가? 우리는 초등학교 1학년 때 수 1, 2, 3, 4, 5를 배우고 나서 '아무것도 없는 것'을 **영**(0)이라고 배운다. 그런데 이 0은 수학에서 '아무것도 없는 것'이라는 뜻 이상으로 중요하게 사용된다.

우리는 수의 위치에 따라 그 값이 달라지는 위치적 기수법을 사용하고 있다. 특히, 10개 묶음을 단위로 하여 그 위치를 옮기고 있다. 이렇게 수를 표현하는 방법을 **십진기수법**이라고 한다. 그런데 위치를 옮길 때 비어 있는 자리를 나타내는 숫자 0이 없으면 이러한 방법은 쓸모가 없게 된다. 그러므로 0은 인류에게 매우 중요한 발명이 아닐 수 없다. 그러면 0은 어떻게 만들어졌을까?

'아무것도 없는 것'을 뜻하는 숫자 0은 인도에서 만들어진 것으로 알고 있다. 그러나 이보다 훨씬 오래 전에도 이와 비슷한 뜻을 가진 기호가 있었다. 기원전 4000년경의 고대 바빌로니아에서는

1을 나타내는 데 𒁹, 십을 나타내는 데 𒌋와 같은 기호를 사용하였다. 그렇게 해서 59는

와 같이 나타내었다. 그런데 바빌로니아 사람들은 60을 하나의 묶음으로 하는 **60진법**을 사용하였다. 그들은 60을 묶음 하나로 생각하여, 1을 나타내는 데 사용했던 것과 같지만 약간 큰 기호인 𒁹로 나타내었다. 그렇지만 이런 크고 작은 기호를 사용하다 보면 큰 기호가 작게 쓰이는 경우도 생긴다. 그래서 바빌로니아 사람들은 한 자리씩 옮겨 쓰는 위치적 기수법을 사용하게 된다.

그러나 오래지 않아서 또 다른 문제가 생기게 되었다. 우리가 쓰는 기수법으로는 열 개 묶음 한 개는 10과 같이 썼지만, 고대 바빌로니아에서는 왼쪽으로 약간 옮겨서 1을 나타내는 기호를 쓰고 우리가 10의 0을 쓴 자리는 비워 두었기 때문에, 이렇게 되면 1이 1인지, 아니면 60개의 묶음이 한 개 있는지 알 수가 없다. 다음 표를 살펴보자.

바빌로니아의 표현	60진법으로 고침	10진법으로 고침
𒁹	1	1
𒁹	1, 0	60×1=60
𒌋𒁹𒁹	12	12
𒌋𒁹𒁹	10, 2	60×10+2=602

다시 말해서, 비어 있는 자리를 나타내는 기호가 없다면 1이라는 같은 기호라도 이것이 1인지 10인지를 알 수 없으며 12도 12인지 102인지를 구분해 내기 어렵다는 것이다. 그래서 바빌로니아의 숫자 표기에서는 1일 수도 있고 60일 수도 있으며, 12일 수도 있고 602일 수도 있게 된다. 이와 같이 고대 바빌로니아의 수는 위치적 기수법을 사용하고 있지만 불완전한 기수법인 것이다. 바빌로니아 사람들은 나중에 비어 있는 자리를 나타내기 위해서 약간 간격을 띄어쓰기도 하였고, 또는 당시 마침표로 사용하던 기호인 를 빈 자리를 나타내는 수, 즉 우리가 사용하는 0과 같은 의미로 사용하기도 하였다.

그런데 기원전 300년경부터 서기 900년까지 번성했던 남아메리카의 마야 문명에서는 비어 있는 자리를 나타내는 기호로 를 사용하고, 바빌로니아 사람들과 비교할 수 없을 정도로 이 기호를 잘 사용하였다. 우리가 0을 사용하는 것과 아무런 차이가 없을 정도로 그들의 기수법이 발달하였다. 그 문화가 더욱 발전되고 전파되지 못한 것이 아쉬울 정도이다.

절대기수법을 사용한 이집트에서는 0을 나타내는 기호가 없었다. 절대기수법에서는 0이 필요가 없기 때문이다. 그리스는 이집트의 영향을 많이 받았지만 바빌로니아의 영향도 받아서 영의 기호가 필요하다는 것을 어느 정도는 알고 있었고 영을 나타내는 기호도 여러 개 사용했던 것 같다.

인도 사람들은 2세기경부터 0 이외의 9개의 숫자를 사용해 왔는데, 10진법과 위치적 기수법을 따르면서 점차 빈 자리를 나타내기 위한 기호를 사용해야 할 필요를 느끼게 되었을 것이다. 서기 500년경에 **아리아바타**라는 수학자가 영의 의미를 가지는 **카**(kha)라는 이름을 사용하였으며, 서기 600년경에는 **브라마굽타**가 카 또는 **수냐**라는 이름을 사용하였다.

숫자 0이 언제 나타났는지는 알 수 없다. 어떤 사람은 서기 500년경에 만들어졌다고 하고 어떤 사람은 9세기경에 나타났다고도 한다. 빈 자리 또는 '아무것도 없다'는 뜻으로 왜 하필이면 0이라는 기호가 사용되었는지도 모른다. 어떤 사람은 태양을 나타낸다고 하여 작은 원(○)을 썼다고 하고 어떤 사람은 0이 공백을 뜻하는 그리스어의 첫 글자라고도 하며, 피타고라스가 삼각수 등을 나타낼 때 ●으로 표시하였는데, 그 후 누군가가 없다는 의미를 나타내려고 가운데를 비게 해서 ○을 사용했다고도 하며, 열(10)을 뜻하는 인도의 기호 ∝에서 나왔다고도 한다.

어쨌든, 영의 기호가 인도 사람들이 독창적으로 만들었다기보다는 많은 문화의 상호 교류 속에서 만들어졌고 인도 사람들의 다른 숫자 및 십진기수법과 함께 그 힘을 발휘하면서, 0을 만든 공로가 인도 사람에게 돌아간 것이 아닌가 하고 생각된다. 영의 기호로 ○, ●, ϕ 등이 사용되면서 점차 모양이 바뀌어졌으며, 16세기에 이르러서야 우리가 사용하는 현재의 모습이 되었다고 한다.

0이라는 사소해 보이는 숫자 하나도 쉽게 만들어진 것이 아니며 과거의 많은 수학자들도 쉽게 생각하지 못했다는 것을 생각하

면, 수학을 잘 하지 못하는 것을 그렇게 부끄러워 할 필요는 없다고 생각된다. 그보다는 항상 도전하고 노력하고 다른 사람들과 협력하는 자세가 더 중요한 일이 아닐까? 문화라는 것은 독창적이기보다 다른 문화와의 결합 속에서 더욱 번창하는 법이다.

1-4 고대 이집트 사람들은 분수를 어떻게 나타냈을까?

분수는 인류 문화와 함께 생겨났을 것으로 생각된다. 물건을 분배하는 것은 당연한 일이고 그러다보면 자연스럽게 **하나**를 나누기 위해 분수 개념이 필요하였을 것이다. 그런데 고대 이집트 사람들은 $\frac{1}{2}$, $\frac{1}{4}$, $\frac{1}{5}$과 같이 분자가 1인 **단위분수**만을 사용하였다. 예외적으로 $\frac{2}{3}$라는 분수를 사용하기는 하였지만, 모든 분수를, 예를 들어 $\frac{3}{5} = \frac{1}{2} + \frac{1}{10}$과 같이 서로 다른 단위분수의 합으로 표현하였다. 단위분수는 그들이 사용하던 수의 위에 ⬭와 같은 표시를 해서 나타내었다.

분자와 분모를 사용하는 방식은 그리스 시대에 나타났다. 그리스 수학자들은 2′5″와 같은 표현을 사용하였는데, 이것은 $\frac{2}{5}$를 나타낸다. 오늘날과 같이 분자를 분모 위에 쓰는 방식은 6세기경 인도에서 사용되었다. 그러나 인도 사람들은 분자와 분모를 구분하는 가로선을 사용하지 않고 $\genfrac{}{}{0pt}{}{1}{3}$과 같이 분자를 분모 위에 썼다. 가로 막대는 12세기경 아라비아의 **알하사르**가 처음 사용했던 것으로 보이며, 17세기 말까지도 이런 가로 막대가 종종 생략되었다고 하니, 분수를 표현하는 방식도 오랜 세월이 요구되었던 모양이다.

이집트 사람들은 왜 분수를 **서로 다른 단위분수의 합**으로 표현하였을까? 아마도 그들이 사용하던 수의 기호가 분자와 분모를 함께 쓰기에는 불편하다는 이유도 있겠지만, 필자가 추정하는 이유는 다음과 같다.

분수 $\frac{2}{5}$는 2개의 물건을 다섯 사람이 나누어 가지는 것으로 생각할 수 있다. 2개를 다섯 사람이 어떻게 나누어 가질 수 있을지를 한번 생각해 보자. 2개의 물건을 각각 5등분하여 5등분된 것을 2개씩 가져가면 된다. 그러나 이집트인들은 이렇게 등분하지 않고 다음과 같은 방법을 쓰지 않았을까? 먼저 2개를 각각 3등분한 후 다섯 사람이 한 조각씩($\frac{1}{3}$) 나누어 가진다. 그리고 남은 나머지 한 조각($\frac{1}{3}$)을 다시 5조각을 내고 각각 한 조각씩 가져가면 각자 가지게 되는 것은 $\frac{1}{3}$과 $\frac{1}{15}$이 된다. 그러므로 $\frac{2}{5} = \frac{1}{3} + \frac{1}{15}$이다. $\frac{5}{9}$도 마찬가지 방법으로 생각하면 $\frac{5}{9} = \frac{1}{2} + \frac{1}{18}$이 된다.

이집트 사람들이 서로 다른 단위분수의 합으로 분수를 나타낸 것은, 그들이 분수를 **똑같이 분배**하는 것으로 이해하였으며 가장 큰 덩어리로 분배하려고 하였기 때문은 아닌가 하고 추정할 수 있다.

이집트 사람들이 단위분수의 합으로 나타내서 그랬을까? 이탈리아의 **피보나치**(1170?-1250?)는 **산반서**라는 책에서 분수를

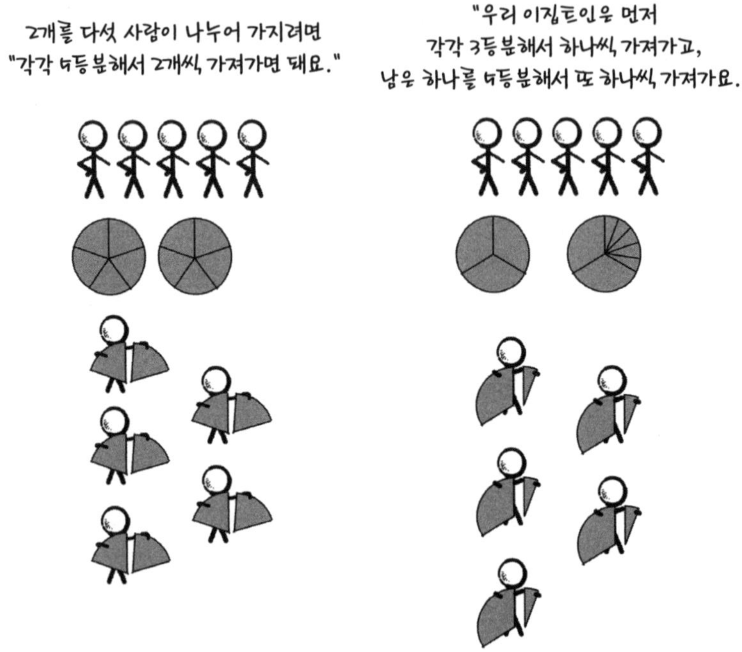

$\frac{29}{30}$와 같이 나타내기도 하였지만 $\frac{1\,2\,4}{2\,3\,5}$와 같은 형태로 나타내기도 하였다. $\frac{1\,2\,4}{2\,3\,5}$은 $\frac{1}{2\times3\times5}+\frac{2}{3\times5}+\frac{4}{5}=\frac{29}{30}$를 의미한다. 피보나치는 이런 복합분수를 더하고 빼고 곱하는 방법을 이 책에서 설명하고 있으니, 정말 신기하기만 하다.

어쨌든, 이집트 사람들처럼 분수를 서로 다른 단위분수의 합으로 나타내는 일은 쉬운 일은 아니지만 수학적 사고력을 기르는 데 꽤 도움이 된다고 생각한다. 여러분들도 분수 $\frac{2}{7}$, $\frac{4}{9}$와 같은 분수를 서로 다른 단위분수의 합으로 나타내어 보아라. 그리 쉬운 일은 아닐 것이다. 그러나 생각하는 힘을 기르는 데 도움이 될 것이다.

1-5 소수(小數)는 어떻게 만들어졌을까?

초등학교 3학년 교과서에서부터 지도되고 있는 소수가 학교에서 다루어진 것은 그리 오래지 않았다. 프랑스의 **프랑소와 바렘**(Fraçois Barrême, 1640-1703)이 1677년에 쓴 **산술**이라는 책은 그 당시 가장 유명한 수학 교과서이며 18세기 후반까지 사용되었는데, 거기에도 소수는 나타나지 않았으며 18세기 말 **블라베**의 책에서 소수가 등장하였다고 한다. 그러면 소수는 언제 누가 왜 만들었을까?

고대 그리스 시대에는 한 변이 1인 정사각형 대각선의 길이를 구하는 것이 아주 심각한 문제였다. 피타고라스의 정리로 유명한 **피타고라스**가 바로 이 문제 때문에 곤경에 처하게 되었는데, 그 길이는 대략 1.414이다. 그런데 소수 개념이 없었던 당시에는 그 길이를 구할 수 없었고, 12세기경에 이르러 이를 1 414와 같이 나타내어 정수 부분(1)과 분수 부분($\frac{414}{1000}$)으로 구별하기 시작하였다. 여기서 414는 0.414가 아니라 $\frac{414}{1000}$를 간단히 쓴 것임에 주목해라.

지금으로부터 400여 년 전 벨기에의 **스테빈**(Stevin, 1548-1620)이라는 수학자가 소수에 관한 제대로 된 이론을 만들어 내었다. 그는 스페인의 지배로부터 벗어나기 위한 독립 전쟁이 한창이었을 때 독립군의 경리장교였다. 그는 군자금을 마련하기 위해 기부를 받거나 빚을 얻어 쓰고 병사의 급료를 지불하느라고 언제나 복잡한 계산에 시달려야 했다. 특히 이자 계산도 많이 해야 하는데 지금도 이자 계산은 골치 아픈 문제이다. 지금은 소수가 있어서 10%, 5.6%와 같은 이자율을 생각하지만, 소수가 없던 그 당

시에는 이자율이 $\frac{1}{10}$이나 $\frac{1}{12}$과 같이 분수로 사용되었다. 이와 같이 이자율이 $\frac{1}{12}$, $\frac{1}{15}$과 같이 되면 계산이 너무 복잡해진다. 그래서 스테빈은 항상 '어떻게 이런 계산을 간단하게 할 수 있을까?' 하는 것이 관심거리였다. 심사숙고를 하다보면 좋은 생각이 떠오르게 마련인지라, 어느 날 스테빈은 이자율의 분모를 모두 10, 100, 1000과 같은 것으로 통일할 생각을 하게 되었다. 예를 들어 $\frac{1}{4}$은 $\frac{2}{10}+\frac{5}{100}$로, $\frac{1}{12}$은 대략 $\frac{8}{100}$로 고쳐서 사용하는 것이었다. 이렇게 되면 이자 계산이 굉장히 간편해지게 된다. 당시 이자율을 모두 단위분수를 사용하던 관습에서 본다면 이것은 매우 획기적인 발상이었다.

스테빈은 이런 생각을 잘 정리하여 1585년에 〈La Disme〉(이는 '10분의 1'을 의미한다)이라는 논문을 썼는데 이것이 소수에 대한 첫 번째 논문이다. 스테빈의 소수 표현 방식은 오늘날의 방식과는 다르다. 그는 소수 5.912를 5⓪9①1②2③와 같이 나타내고, 계산은 다음과 같이 하였다.

$$
\begin{array}{r}
⓪①② \\
856 \\
507 \\
\hline
1363
\end{array}
$$

오늘날과 같은 소수 표현 방식, 곧 소수점을 처음으로 사용하여 소수를 나타낸 사람은 **네이피어**(Napier, 1550-1617)로 알려져 있는데, 어떤 사람은 **봉피스**가 처음 사용하였다고 주장하기

도 한다. 그러나 당시만 해도 소수점이 널리 사용된 것은 아니다. 독일의 **루돌프**는 1530년에 출판된 책에서 오늘날의 소수점에 해당하는 기호로 세로 선(|)을 사용하였으며, **뵈클러**는 1661년에 소수점 대신 ','를 사용하였다. 현재도 독일 사람들은 콤마를 사용한다고 하며, 필자는 터키 여행을 하면서 그 나라에서 소수점으로 콤마와 점을 모두 사용하고 있음을 보고 신기해 했다. 그래서 아직도 소수점을 나타내는 기호와 큰 수를 나타낼 때 세 자리 수마다 표시하는 콤마가 나라마다 혼동을 일으키고 있는 실정이다.

그런데 동양에서는 오래 전부터 1보다 작은 수를 나타내는 말을 사용하고 있었으며, 16세기에는 그 사용법이 상당히 정리되어 있었다. 명나라 때인 1593년에 간행된 **정대위**의 **산법통종**에 보면 다음과 같이 소수 각 자리 수의 명칭이 23개나 나타나고 있다.

10^{-1} 分(푼), 10^{-2} 理(리), 10^{-3} 毛(모), 10^{-4} 絲(사),
10^{-5} 忽(홀), 10^{-6} 微(미), 10^{-7} 纖(섬), 10^{-8} 沙(사),
10^{-9} 塵(진), 10^{-10} 埃(애), 10^{-11} 渺(묘), 10^{-12} 漠(막),
10^{-13} 模糊(모호), 10^{-14} 逡巡(준순), 10^{-15} 須臾(수유),
10^{-16} 瞬息(순식), 10^{-17} 彈指(탄지), 10^{-18} 刹那(찰나),

10^{-19} 六德(육덕), 10^{-20} 虛(허), 10^{-21} 空(공),
10^{-22} 淸(청), 10^{-23} 淨(정)

우리가 자주 쓰는 **모호**하다거나 **순식**간, **찰나**, **허공**, **탄지**라는 말이 아주 작은 수를 나타내고 있음을 알 수 있다. 그런데 위의 이름을 살펴보면 우리가 비율을 나타낼 때 0.1을 1**할**, 0.01을 1**푼**, 0.001을 1**리**로 부르고 있는 것과는 다르다. 그러나 무협지를 읽다보면 '실력의 3푼을 감추고 있었다'와 같은 내용이나 '실력을 **십분** 발휘해라'와 같은 표현에서 알 수 있듯이 푼은 0.1을 나타낸다. 그러면 이런 혼동은 어디서 비롯된 것일까?

원래 **할푼리**는 수의 이름이 아니라 **비율**을 나타내는 말이며 일본의 고유한 비율 단위이다. 그리고 푼, 리, 모 등은 비율이 아니라 순수한 수의 이름이다. 이와 같이 수와 비율을 혼동한 데서 문제가 생기고 있는 것이다.

어쨌든, 소수(小數)는 동양적인 관점에서 볼 때는 작은 수를 나타내지만 서양적 관점에서 보면 소수는 분수이며 분모가 10, 100, 1000과 같은 십진기수적 분수이다. 그러므로 이러한 이중적 개념을 파악하고 있어야 소수에 대한 이해를 제대로 할 수 있을 것이다.

1-6 수학자들도 이해할 수 없었던 이상한 수가 있어요

우리가 중학교에서 배우는 **음수**에 대해서 생각해보자. 1, 2, 3과 같은 수를 **자연수**라고 하며, -1, -2, -3과 같은 수를 음수라고 한다. 보통 우리는 이익이나 오른쪽 방향을 양수로, 손해나 왼쪽 방향을 음수로 나타낸다. 그러나 이렇게 생각하더라도 음수에 대해서는 많은 어려움과 의문점이 남는다. 위대한 사상가인 **파스칼**(1623-1662)도 아무것도 없는 것(즉, 0)은 빼도 줄어들지 않는다고 하였으며, 유명한 프랑스의 작가인 **스탕달**(1783-1842)도 왜 음수와 음수를 곱하면 양수가 되는지를 이해하지 못했고 어느 선생님도 그 이유를 설명해 주지 못했다고 그의 자서전에 쓰고 있다.

우리는 온도를 섭씨로 나타낸다. 섭씨 온도는 1742년에 스웨덴의 과학자인 **셀시우스**가 물이 끓는 온도를 0도, 물이 어는 온도를 100도로 하여 만든 것이다. 몇 년 후에 스웨덴의 **린네우스**가 물이 끓는 온도를 100도, 어는 온도를 0도로 바꿔서 오늘날 사용하고 있다. 그러나 이보다 앞선 1714년에 독일의 과학자인 **파렌하이트**(Fahrenheit, 1686-1736)가 그 당시 실험실에서 얻을 수 있는 가장 낮은 온도를 0°F로, 소의 체온을 100°F로 정하여 온도계를 만들었다. 파렌하이트가 화씨 온도를 만든 이유에는 여러 가지 있겠지만, 당시 사람들이 음수에 대해 많은 어려움과 공포를 가지고 있어서 이를 피하고자 만든 것이라고 할 수 있다. 화씨 0°가 섭씨로는 영하 18° 정도 되기 때문에 어지간한 추위에서는 영하의 온도가 나오지 않는다. 이와 같이 골치 아픈 음수가 어떻게 나타났는지 알아보자.

유럽에서는 17세기 데카르트 이후에야 음수가 나타나지만, 중국에서는 오래 전부터 음수가 사용되었다. 한나라 시대의 **구장산술**에서는 가축을 판 액수는 빨간 셈막대로, 가축을 사기 위해 지불해야 할 액수는 검은 셈막대를 사용했는데, 빨간 셈막대는 양수를, 검은 색막대는 음수를 의미한다. 우리가 **흑자**, **적자**라고 말하는 것은 여기서 비롯된다. 구장산술에는 이러한 양수와 음수의 덧셈과 뺄셈 방법도 설명하고 있다. 인도에서도 양수를 자산, 음수를 부채로 생각하였다. 이와 같이 중국과 인도 사람들은 양수와 음수를 상대적인 수로서 생각하였는데, 이런 생각은 동양과 서양에서 보편적이었던 모양이다. 그리고 지금도 음수를 학생들에게 처음으로 가르칠 때는 이익과 손해, 오른쪽과 왼쪽, 미래와 과거 등 서로 반대 개념을 가지는 상황으로 시작한다. 그러나 이

와 같이 상대적인 수로 생각하면 음수와 음수의 곱이 양수가 되는 이유를 알 수 없다. 그래서 스탕달이 "어떻게 만 프랑의 빚에 5백 프랑의 빚을 곱해서 5백만 프랑을 얻을 수 있는가?"라고 반문하였던 것이다.

3세기경 그리스 수학자 **디오판투스**는 방정식의 계산 과정에서 음수를 발견하였다. 그러나 그는 음수를 계산 과정에서 만들어지는 부산물이며 불필요한 것으로 생각하였다. 7세기경 아라비아의 **알콰리즈미**도 이차방정식을 풀면서 양수와 음수의 해를 찾았지만 디오판투스처럼 음수를 받아들이지 않았다. 알콰리즈미는 도형을 이용하여 방정식을 풀었기 때문에 음수가 의미를 가질 수 없었던 것이다.

15, 16세기에 유럽에서 음수의 기호가 만들어지고 음수가 사용되기 시작하였으며, 어떤 사람은 음수와 음수를 곱하면 양수가 되는 이유를 설명하기도 하였다. 그러나 음수를 제대로 인정한 사람은 **타르탈리아**와의 논쟁으로 유명한 **카르다노**이다. 그는 음수를 수로 보고 있지는 않지만, 3차방정식을 부피를 이용하여 구하는 과정에서 양의 값에 (−) 부호를 붙인 $-x$를 이용하여 부족한 양, 즉 음수를 다루었다. 그러므로 카르다노는 문자 x를 양수로만 취급한 것이다. **데카르트** 역시 음수를 부족한 양으로 보았다. 그러나 데카르트는 문자(x)를 양 또는 음의 값을 나타내는 것으로 사용하여 음수에 대하여 카르다노보다 한 걸음 더 진전된 태도를 보였다.

그럼에도 불구하고 여전히 많은 수학자들은 음수에 대해서 혼동스럽고 회의적이었다. 우리는 지금 1:(−4)=(−5):20임을 알고 있다. 내항의 곱과 외항의 곱이 같기 때문이다. 그러나 **아놀드**(Arnauld, 1612-1694)는 1:(−4)와 (−5):20이 같을 수 없다고 주장한다. 1은 −4보다 많고 −5는 20보다 적기 때문에 그 비가 같을 수 없다는 것이다.

상대적인 양의 개념으로 음수를 이해하려고 할 때 늘 이런 문제에 부딪히게 된다. 그러나 분명히 음수는 잘못된 존재가 아니라 여러 면에서 유용했다. 그래서 점차 다른 관점에서 음수를 이해하려는 시도가 나타나기 시작하였다. 그리고 마침내 19세기에 이르러 영국의 수학자 **피콕**(Peacock)에 의해 음수가 양이 아닌 형식적인 수로 이해되면서 현대수학이 더욱 발전하는 계기가 되었다.

많은 수학자들이 음수를 제대로 이해하지 못했고 음수를 수가 아닌 것으로 생각했던 것을 보면, 우리가 초등학교 고학년이나 중학교에서 음수를 배우면서 음수를 기계적으로 계산은 잘하지만 그 의미나 이유를 잘 이해할 수 없었던 것은 당연한 일이었다. 파스칼이 0보다 작은 수는 없다고 하였으며, 2-3과 같은 계산을 할 수 없다고 하는 수학자도 있었고, $(-5)^2$과 5^2이 모두 25가 된다는 사실을 이해할 수 없다고 한 수학자도 있었으니, 우리도 음수에 대해서 잘 이해가 되지 않는다고 해서 좌절하거나 낙심하지 말자. 음수를 처음 도입할 때 사용하던 상대적 의미에서 벗어나서 형식적인 의미로 음수를 받아들이기 전까지는 음수와 음수의 곱이 양수가 된다는 것을 이해할 수 없는 법이니까. 그리고 그렇게 되기까지는 오랜 시간이 걸리니까.

1-7 소수(素數)의 세계는 아직도 다 알 수 없어요

여러분은 어른들이 왜 소주를 한 병 마시고 또 마시고 그러면서 밤이 새도록 여러 병을 마시는지 그 이유를 아는가? 술에 취해서이기도 하겠지만, **소수**라는 이상한 수에도 그 비밀이 숨겨져 있다. 소주 1병을 따르면 소주잔으로 7잔이 나온다. 그러니 두 사람이 3잔씩 마시면 1잔이 남고, 세 사람이 2잔씩 마시면 1잔이 남는다. 네 사람이 마시면 2잔씩 마시기에는 1잔이 모자란다. 그래서 몇 사람이 마시든 소주가 남거나 모자라서 한 병을 더 시켜야 한다. 한 병을 더 시켜도 또 그런 일이 벌어지니 또 한 병을 더 시켜야 하고, 그래서 밤늦도록 술을 계속해서 마시게 되는 것이다. 그래서인지, 최근에 전라북도의 어느 마을에서 술을 마시면서 "소주 1병이 종이컵으로 몇 잔 나오느냐"를 놓고 논쟁하다 싸움이 벌어져 구속되기까지 했다니 술 탓인지 소수 탓인지 모르겠다.

7과 같이 1과 그 자신에 의해서만 나누어지는 수를 **소수**(素數)라고 말한다. 물론 1은 소수가 아니므로, 소수는 약수를 2개 가진다. 약수가 3개 이상인 수는 **합성수**라고 한다. 0.3과 같은 소수(小數)와 7과 같은 소수(素數)의 발음이 같아서 혼동되므로 소수(素數)를 한 때는 **솟수**라고 말해서 이를 구분하기도 하였다. 소수를 북한에서는 **씨수**라고 부르고 있다.

소수는 자연수를 연구할 때 매우 중요한 역할을 하기도 하지만, 현재에 와서는 소인수분해 이론과 함께 컴퓨터의 패스워드 등 암호 분야에서 중요하게 사용된다. 소수는 무수히 많고 찾아내기가 여간 어려운 게 아니어서 암호로 쓰기에 안성맞춤이기 때문이다. 또한 소주의 경우처럼 판매 전략으로도 사용된다. 6잔이나 8잔이 나오는 소주병을 만든다면 술자리는 일찍 끝나버리게 될 것이기 때문이다.

소수에 대한 연구는 아주 오래 되었다. 소수가 얼마나 많은지에 대한 가장 오래 된 증명은 기원전 300년경에 살았던 고대 그리스 수학자인 **유클리드**일 것이다. 그는 소수가 무수히 많다는 것을 증명하였다. 18세기의 수학자인 **오일러**도 소수가 무수히 많이 있다는 것을 유클리드와는 다른 방식으로 증명하였다. 특히 오일러는 소수를 만들어내는 공식 $f(x)=x^2+x+41$을 만들어내기도 하였는데, 그가 만든 공식의 x에 자연수를 대입하면 소수가 만들어진다. 예를 들어 0, 1, 2, 3을 대입하면 각각 41, 43, 47, 53이 되는데, 이것은 모두 소수이다. 그러나 40을 대입하면 1681이 되는데 이 수는 41×41이므로 소수가 아니다. 이와 같이 소수 만드는 공식을 만들어내려는 노력이 많이 있었으나, 오일러의 제자인 수학자 **르장드르**가 항상 소수를 만들어내는 공식은 없다는 것을 증명한 후 그런 노력은 사라지게 되었다.

그리스의 수학자인 **에라토스테네스**(기원전 276년-194년)는 소수를 찾는 방법을 생각해 내었다. 그 방법은 다음과 같다.

① 먼저, 2부터 시작하여 찾고자 하는 범위의 자연수를 나열한다.

② 2를 남겨 두고, 그 외의 2의 배수를 지워나간다.

③ 남은 수 중 처음에 있는 3을 남기고 그 다음의 3의 배수를 모두 지운다.

④ 남은 수 중 처음에 있는 5를 남기고 5의 배수를 모두 지운다.

이런 일을 반복하여 마지막까지 지우면, 남는 수들이 모두 소수가 된다.

	2	3	~~4~~	5	~~6~~
7	~~8~~	~~9~~	~~10~~	11	~~12~~
13	~~14~~	~~15~~	~~16~~	17	~~18~~
19	~~20~~	~~21~~	~~22~~	23	~~24~~
~~25~~	~~26~~	~~27~~	~~28~~	29	~~30~~
31	~~32~~	~~33~~	~~34~~	~~35~~	~~36~~
37	~~38~~	~~39~~	~~40~~	41	~~42~~
43	~~44~~	~~45~~	~~46~~	47	~~48~~

에라토스테네스의 체

이런 방법을 **에라토스테네스의 체**라고 부르는데, 이 방법을 컴퓨터를 활용하면 많은 소수를 비교적 쉽게 찾아낼 수 있다. 그러나 아직도 에라토스테네스의 체를 뛰어넘는 우수한 체는 발견되지 않았다.

그런데 여기서 3과 5, 5와 7, 11과 13 등과 같이 차가 2가 되는 소수들이 있다. 이런 소수를 **쌍둥이 소수**라고 하는데, 유클리드가 기원전 300년경에 쌍둥이 소수는 무수히 많이 있다고 말하였지만, 아직도 이것은 증명되지 않았다.

프랑스 수도사인 **메르센**(1588-1648)은 틈틈이 큰 소수를 찾아나섰는데, 그는 어떤 소수들은 2를 여러 번 곱한 다음 1을 뺀 것과 같음을 알고 **메르센 소수**라는 것을 만들어 내었다. 즉 2를 여러 번 곱한 것에서 1을 뺀 것이 소수일 때 이를 메르센 소수라고 한다. 예를 들어 3, 7, 31은 모두 메르센 소수이다.

$$2^2 - 1 = 2 \times 2 - 1 = 3$$

$$2^3 - 1 = 2 \times 2 \times 2 - 1 = 7$$

$$2^5 - 1 = 2 \times 2 \times 2 \times 2 \times 2 - 1 = 31$$

이 후 많은 사람들이 메르센 소수를 찾으려고 노력하였는데, 2006년에는 **쿠퍼**와 **본** 박사 팀이 수백 대의 컴퓨터를 연결하여 980만 8358자리 수인 메르센 소수를 발견하였다.

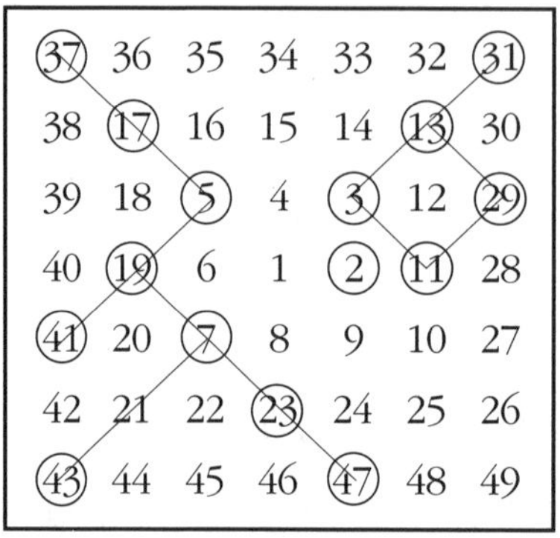

울람의 낙서

20세기의 수학자 **울람**은 옆의 그림처럼 1부터 시작하여 시계 반대 방향으로 수를 배열한 다음 소수를 찾아보고, 소수들이 대각선 위에 배열되어 있음을 발견하였다. 41부터 수를 배열하면 이런 현상이 더욱 두드러지게 나타나는데, 그 이유를 아직 밝히지 못하고 있다.

수학자 **골드바흐**(1690-1764)가 1742년에 **오일러**에게 "2보다 큰 자연수는 세 소수의 합으로 나타낼 수 있다."고 편지를 썼는데, 이것은 잘못되었다. 그래서 오일러는 이를 수정하여 "2보다 큰 모든 짝수는 2개의 소수의 합으로 나타낼 수 있다."고 하였는데, 이를 **골드바흐의 추측**이라고 부른다. 예를 들어, $4=2+2$, $6=3+3$, $8=3+5$, $10=3+7=5+5$와 같이 2보다 큰 짝수를 두 소수의 합으로 나타낼 수 있다. 그러나 '모든' 짝수에 대해서 이런 일이 가능한지는 아직까지 증명되지 않았다.

수학자들의 이와 같은 노력을 보면 흡사 원주율 파이의 값을 사냥하는 것과 같은 느낌을 받게 된다. 수학자들이 소수의 성질이나 규칙, 큰 소수를 찾으려고 노력하는 것은 마찬가지로 상금을 받기 위해서일 수도 있다. 1000만 자리 이상의 메르센 소수를 발견하면 10만 달러의 상금을 받을 수 있기 때문이다. 또 국가 발전과 암호에 이용하기 위해서일 수도 있다. 그러나 수학자들의 욕심 없는 단순한 호기심 탓도 클 것이다. 소수는 아주 단순하면서도 수학자들의 자존심을 상하게 하는 고약스런 대상이기 때문이다. 그렇지만, 아무 데도 쓸데없는 것 같은 이런 호기심과 열정은 무의미한 것이 아니라 수학의 발달에, 그리고 더 나아가서 인류 문명의 발달에 크게 기여하는 것임은 분명하다. 소수의 세계에서는 쌍둥이 소수나 골드바흐의 추측 등 아직도 해결되지 않고 여러분의 손길을 기다리는 문제가 많이 있다. 여러분이 한번 시도해 보는 것은 어떨까?

1-8 수를 나타내는 방법에는 여러 가지가 있어요

금년은 60년 만에 돌아오는 흑룡의 해, 임진년이다. 여러분은 역사를 배우면서, 예를 들면 갑자년에 무슨 일이 일어났는지에 대해서, 그리고 갑오경장, 임오군란, 임진왜란 등에 대해서 배운다. 갑자, 갑오, 임오, 임진 등은 어떤 사건이 일어난 해를 나타내는데, 이와 같은 연도의 이름은 어떻게 만들어졌는가?

갑	자
을	축
병	인
정	묘
무	진
기	사
경	오
신	미
임	신
계	유
갑	술
을	해
·	·
·	·
·	·

전설에 의하면, 오천년 전 황제가 **갑자**를 지어냈는데, 갑, 을, 병, 정, 무, 기, 경, 신, 임, 계라는 10개의 **천간**과 자, 축, 인, 묘, 진, 사, 오, 미, 신, 유, 술, 해라는 12개의 **지지**가 그것이다. 이것이 서로 순서대로 결합하면 갑자, 을축, 병인, 정묘, …, 계

유, 갑술, 을해와 같이 되고, 이렇게 되어 60년이 지나면 다시 갑자년이 된다. 이것은 일종의 60진법인 셈이다. 우리 일상에서는 이와 같은 **60진법**이 꽤 있다. 한 시간은 60분, 1분은 60초와 같은 시간이 그렇고, 원의 중심각이 360°인 것도 일종의 60진법이다.

십진법은 0에서부터 9까지의 10개의 숫자를 사용하며, **열**이 되면 그것을 하나의 묶음으로 보고 왼쪽으로 자리를 옮겨 쓰는 방법을 말한다. 이와 비슷하게, **60진법**은 60개의 수의 기호를 사용하되 60개가 되면 그것을 하나의 묶음으로 보고 왼쪽으로 위치를 옮겨 1을 쓰는 방법이다.

인류가 60진법을 사용한 것은 아주 오래 되었다. 고대 **수메르인**들이 60진법을 사용하였으며 이것이 고대 바빌로니아로 전해진다. 그런데 어떻게 인류가 60진법을 알게 되었는지는 아직 모

른다. 어떤 사람은 외계인이 알려준 것이라고 하기도 한다. 혹은 무인도에 난파당한 로빈손 크루소가 하루하루 지날 때마다 표시를 했던 것처럼, 고대의 어느 뛰어난 인재가 대략 360일마다 계절이 반복되는 것을 발견하였을 것이고, 그래서 원을 360등분하였을지도 모른다. 그리고 원의 둘레를 같은 반지름으로 나누면 6개로 등분되고 하나의 중심각이 60°가 되는 것을 발견하고 60진법을 사용했을지도 모른다. 10개의 천간과 12개의 지지의 결합으로 60 갑자가 만들어진 것처럼, 십진법을 쓰는 문화와 12진법을 쓰는 문화가 결합되어 60진법이 생겨났을 것이라고 주장하는 사람도 있다. 어쨌든 60이라는 수는 10과 달리 여러 개의 약수를 가지고 있어서 수학적으로는 매우 유용한 진법일 수 있다. 그러나 기본적으로 60개의 숫자를 사용해야 하는 불편함 때문에 널리 일반화되지는 못한 것 같다.

60진법과 비슷한 것으로 **12진법**이 있다. 12진법의 흔적은 영국에서 사용하는 단위계에 남아 있다. 영국에서는 1파운드가 12온스이고, 1인치는 12라인이다. 여러분이 재미있게 읽었던 걸리버 여행기에 나오는 소인국도 12진법을 사용한다. 소인국의 왕은 걸리버에게 1728명분의 식량을 지급하였는데, 왜 10명이나 100명, 1000명이 아니라 1728명분이었을까? 그것은 걸리버의 키가 6피트이고 소인들의 키는 6인치이기 때문에 걸리버가 소인보다 12배 키가 크고, 그래서 걸리버의 몸의 부피는 소인의 몸의 부피의 12×12×12=1728(배)가 되기 때문이다.

인류는 십진법이나 60진법 외에도 여러 가지 방법을 사용하였는데, 그 중에 **20진법**이 있다. 20진법은 손가락과 발가락을 모두 합하면 20개가 되므로 이것을 이용한 것으로 보인다. 마야인이 20진법을 사용하였지만, 불어나 영어에도 20진법의 흔적이 남아 있다. 미국 대통령 링컨의 유명한 케티스버그의 연설문은 "Four score and seven years ago"라는 말로 시작된다. 여기서 score는 20을 의미하고, 그래서 이 말은 '87년 전'이라는 뜻인데, 이 score가 20진법의 흔적인 셈이다.

5진법을 사용한 경우도 있었는데, 아마도 손가락이나 발가락이 다섯 개라는 데서 착안한 방법이었을 것이다. 아프리카와 오스트레일리아의 여러 민족에게서 볼 수 있으며, 시계에 사용되는 로마숫자 V(5), X(10)과 같은 기호도 5진법에 따른 것이며, 캄보디아 사람들이 뭐이(1), 삐(2), 바이(3), 부온(4), 쁘람(5), 쁘람뭐이(6), 쁘람삐(7)와 같이 수를 세는 것도 5진법의 흔적이라고 할 수 있다.

60진법을 쓰면 사용하는 기호가 많아져야 하지만 수를 간단히 표현할 수 있고, 5진법을 쓰면 사용하는 기호가 적어도 되는 반면 수를 표현하는 데 불편해진다. 다음 표를 보면 그 이유를 알 수 있

60진법의 경우	2 5	$2\times60+5=125$
십진법의 경우	1 2 5	$1\times10^2+2\times10+5+=125$
5진법의 경우	1 0 0 0	$1\times5^3+0\times5^2+0\times5+0=125$

125를 여러 가지 진법으로 나타낼 경우

다. 그래서 중간 정도를 택하여 십진법을 사용하게 되었을지도 모른다. 게다가 손가락이 모두 10개이니까.

그런데 중국이나 우리나라에서는 오래 전부터 음양 사상이 있었다. 태극기의 네 구석에 있는 4괘는 ━━과 ━ ━로 이루어졌는데, 이것 역시 음양 사상에서 나온 것이다. 이 음양 사상이 **2진법**과 맥이 통한다. 이진법은 0과 1의 두 기호만을 사용하는데, 컴퓨터에서는 이것이 불이 들어오고 꺼지는 두 가지를 나타낸다. 그런 방법으로 컴퓨터는 이진법을 이용하여 복잡한 계산을 신속하게 처리하고 있다.

그러고 보면 우리 인간은 가장 좋은 어느 한 가지만을 고집하지 않고, 좋은 것 나쁜 것 모두 버리지 않고 여러 개를 사용하며 필요한 것을 적절히 잘 활용하고 있는 셈이다. 하기야 무조건 좋기만 하거나 무조건 나쁘기만 한 것이 세상에 어디 있을까?

2

계산 방법

2-1 계산 기호는 누가 만들었을까?

수학은 많은 기호와 숫자로 이루어져 있다. 이러한 기호와 숫자를 잘 다루지 못해서 수학을 싫어하는 사람들이 많다. 그런데 굉장히 까다롭고 정확해 보이는 이런 기호들이 어떻게 만들어졌는지를 살펴보면 수학이란 것이 그렇게 완벽하고 냉정한 것은 아니라는 사실을 깨닫게 된다. 여러 가지 수학 기호들 중에서 계산 기호가 어떻게 만들어졌는지를 살펴보자.

수학이 발전해 온 과정을 보면, 처음에는 '3과 2를 더하면 5가 된다.'와 같이 말로 표현하였다. 그러다가 일부 말을 줄여서 사용하였다. '은근히 섭섭하다'를 '은섭'이라고 하는 것처럼, 같다(aequales)라는 말 대신 이 말을 줄인 aequ.를 사용하여 '3+2 aequ. 5'와 같이 표현한 것이다. 그러다가 줄인 말 대신 지금과 같이 '3+2=5'와 같이 완전히 기호로 사용하기 시작한 것은 16세기 말 **비에트**(Viéte)부터라고 할 수 있다. 그러면 계산할 때 우리가 자주 사용하는 +, −, ×, ÷, =와 같은 기호는 누가 만들었을까?

덧셈 기호(+)와 뺄셈 기호(−)

독일의 드레스덴 도서관에 있는 1486년경 누군가의 손에 의해 쓰인 책에는 이미 다음과 같이 +와 − 기호가 사용되고 있었다.

그러나 이보다 더 오래 된 책에서는 '~와'라는 의미의 et라는 단어가 사용되었다. 예를 들어 '2와 3'을 '2 et 3'과 같이 나타낸 것이다. 그런데 이 단어 et를 빨리 갈겨 쓰다보면 t가 생략되어 **e**만 남게 되고, 이것을 더 갈겨 쓰다보면 **ɇ**(e에서 일부 생략된)와 같이 변하게 되어 이것이 오늘날의 덧셈 기호인 +가 되었다고 한다. 어떤 사람은 t가 생략된 게 아니라 e가 생략되고 t가 변하여 +가 되었다고도 한다.

뺄셈 기호 −는 포도주 장수가 통 속의 포도주가 어느 정도 남았는가를 나타내기 위해 통에 − 표시를 한 데서 나왔다고 하기도 하며, '마이너스(minus)'를 줄여서 m만 사용하다가 이것도 빨리 갈겨쓰다보

니 −로 바뀌게 되었다고도 한다.

이 두 기호 +와 −를 손으로 쓴 책이 아닌 인쇄된 책에서 처음으로 사용한 사람은 1489년 독일 수학자 **비드만**이다.

곱셈 기호(×)와 나눗셈 기호(÷)

16세기에 독일 수학자 **스티펠**은 곱셈(multiplication)을 나타내는 데 대문자 M을, 나눗셈(division)을 나타내는 데 대문자 D를 사용하였다. 그러나 영국의 **에드워드 라이트**는 1618년에 큰 ╳를 곱셈 기호로 사용하였다. 왜 이런 기호를 사용하였는지 그 이유는 분명하지 않지만 그 이전에 다음과 같은 표현이 사용되고 있었는데, 여기서 곱셈 기호를 착안하였는지도 모른다.

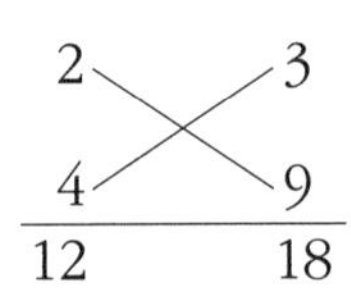

지금과 같은 작은 기호(×)는 1631년 영국의 수학자 **오트레드**가 쓴 **수학의 열쇠**라는 책에서 처음 등장한다. 그러나 유명한 독일의 수학자 **라이프니츠**는 이 곱셈 기호가 영어의 x자와 혼동되기 때문에 이 기호를 좋아하지 않았다. 그래서 라이프니츠는 이 기호 대신에 두 수 사이에 점( )을 찍어서 2 3과 같이 나타내었다.

나눗셈 기호 ÷는 1659년 스위스의 수학자 **란**이 최초로 사용하였다. 그 이전에는 이 기호를 어떤 수학자들은 뺄셈 기호로 사용하였다고 한다. 그런데 이 나눗셈 기호가 란의 조국 스위스와 유럽에서는 보급되지 않고 영국에서 널리 사용되었다니 이상한 일이 아닐 수 없다.

왜 이런 기호를 나눗셈 기호로 사용하였는지 이유가 분명하지는 않지만, 15세기경 런던 금융가에서는 4÷ 또는 4÷가 반으로 나누는 것을 나타내는 기호로 사용되었다고 한다. 혹은 우리가 $2\div3=\frac{2}{3}$와 같이 나타내는데, 가로선 위와 아래의 수를 점으로 나타낸 것이 나눗셈 기호 ÷가 되었다는 주장도 있다.

라이프니츠는 우리가 비를 나타낼 때 사용하는 기호 : 를 나눗셈 기호로 사용하였다. 그는 곱셈 기호로 점 하나( )를 사용하였기 때문에 나눗셈 기호로는 점 두 개(:)를 사용하였던 모양이다.

등호 기호(=)

'같다' 또는 '~가 된다'를 나타내는 기호는 고대 이집트에서부터 그 말을 줄인 형태로 많이 사용되었다. 그러나 우리가 지금 사용하고 있는 기호 =는 영국의 **레코드**가 1557년에 쓴 **지혜의 숫돌**이라는 책에서 처음 나타난다. 이때는 이 기호가 지금보다 약간 길게 쓰였다. 그는 "세상에서 2개의 평행선만큼 같은 것은 없다."라는 뜻에서 이 기호를 만들었다고 한다. 그러나 60여 년 간 이 기호가 사용되지 않다가 영국의 수학자 **헤리엇**과 **오트레드** 등이 이 기호를 다시 사용하기 시작하면서 널리 보급되었다.

그런데 유럽에서는 16세기 말에서 17세기 중반까지 여러 학자들이 '같다'는 말을 줄인 형태의 aequ.나 [, ‖, 2|2 등을 등호 기호

로 사용하기도 하였다. 또 기호 =는 등호가 아닌 두 수의 차를 나타내거나 소수점 기호로 생각하여 102=857과 같이 102.857이라는 소수를 나타내는 데 사용하기도 하였고, 두 개의 직선이 평행하다는 것을 나타내는 데 사용하기도 하였다. 심지어 데카르트는 기호 =를 ±를 나타내는 데 사용하기도 하였다.

그러다가 17세기 후반에 **뉴턴**을 비롯한 유명한 사람들이 기호 =를 등호 기호로 사용하면서 이 기호가 널리 보급되었다.

이와 같이 우리가 친숙하게 사용하고 있는 기호들은 여러 사람들이 만들고 그 중에서 어떤 것들이 선택되고 없어지기도 하고 모양이 바뀌기도 하면서 지금과 같은 기호로 살아남게 되었다. 그 과정에서 유럽 대륙의 수학자들과 영국 수학자들의 자존심 싸움이 벌어지기도 하였다. 그렇게 볼 때 수학이라는 것은 어느 날 갑자기 뛰어난 천재가 완전하게 만들어서 내 앞에 툭 던져진 두려운 존재가 아니라 생겼다가 없어지기도 하고 때로는 변하기도 하는 미완성의 존재라고 볼 수도 있다. 그러니 여러분도 수학기호를 직접 만들고 모습을 바꾸어볼 수도 있을 것이다.

2-2 덧셈은 어떻게 했을까?

곱셈은 같은 수를 여러 번 더하는 것을 간단히 하기 위한 방법이고 나눗셈은 같은 수를 여러 번 빼는 것을 간단히 하기 위한 방법이다. 그렇지만 덧셈과 뺄셈 방법이라고 해서 그리 간단하게 만들어진 것은 아니다. 덧셈 방법이 어떻게 발달해 왔는지를 살펴보자.

고대 이집트 사람들은 절대기수법을 사용했기 때문에 덧셈이나 뺄셈을 하는 것은 그리 어렵지 않았을 것이다. 각각의 기호를 가져다 놓거나 덜어내면 되는 것이고, 각각의 기호가 10개가 되면 또 다른 단위로 바꾸기만 하면 되기 때문이다. 그리스 사람들은 계산을 편리하게 할 수 있는 산판과 손가락 기호를 이용하여 계산하였다. 그러나 그리스의 유명한 철학자 **플라톤**이 계산술을 유치한 것으로 생각하였기 때문에 그 당시 다른 수학에 비해서 계산술은 그다지 발달하지 못했다.

고대 로마에서는 학교에서 산판에서 계산하는 방법을 가르쳤다

고 한다. 또 로마인들은, 예를 들어

$$\begin{array}{r} \mathrm{DCCLXXVII} \\ \mathrm{CC\ X\ VI} \\ \hline \mathrm{DCCCCLXXXXIII} \end{array}$$

와 같이 계산하였다(여기서 D=500, C=100, L=50, X=10, V=5이므로, 이것은 777+216=993을 계산한 것이다). 로마인들의 이러한 방법은 절대기수법을 사용한 이집트 사람들의 방식과 비슷할 것이라고 생각된다. 16세기까지 이와 비슷하게 계산한 표현들이 많이 보인다.

그러나 인도 사람들은 위치적 기수법을 사용하였고, 쉽게 쓰고 지울 수 있는 계산도구를 만들어 내었기 때문에 **필산 방법**이 발달하기 시작하였다. 인도 사람들은 작은 흑판에 대나무 펜으로 흰 액체를 써서 숫자를 기록하거나 흰 나무판에 붉은 가루를 뿌리고 작은 막대로 숫자를 쓰기도 하였다. 그래서 오늘날과 비슷한 계산 방법이 인도에서 나타났는데, 지금과 달리 왼쪽에서부터 계산하게 된다.

즉 인도 사람들은 [그림 1]처럼, 덧셈을 할 때 먼저 왼쪽에 있는 6과 1을 더해 7이라고 쓰고, 그 다음에는 5, 3, 0을 더해 8을, 3과 2와 4를 더하여 9를 쓴다. 그 다음에 9와 7과 2를 더하면 18이 되므로 8을 쓰고, 1은 바로 앞의 수 9에 더한다. 그러면 10이 되므로 9를 지워서 0이라고 쓰고, 또 그 앞의 8도 지우고 1을 더한 수 9를 쓴다. 그렇게 해서 79090이라는 합을 얻었다.

[그림 1] 고대 인도 사람들의 덧셈 방법

인도의 **바스카라**(Bhaskara)는 **릴라바티**(1150년)라는 책에서 각 자리 수의 합을 구하고 그것을 모두 더하여 합계를 구하는 방법을 설명하기도 하였다. 즉 2, 5, 32, 193, 18, 10, 100의 합을 구할 때 그는 일의 자리의 합과 십의 자리의 합, 백의 자리의 합을 각각 구한 다음 그 합의 합을 구하여 360을 얻었다.

일의 자리의 합	2, 5, 2, 3, 8, 0, 0	20
십의 자리의 합	3, 9, 1, 1, 0	14
백의 자리의 합	1, 0, 0, 1	2
합의 합		360

[그림 2] 바스카라의 덧셈 방법

9세기 초에 아라비아의 **알콰리즈미**가 왼쪽에서부터 계산하는 인도의 이런 방법을 배워서 아라비아로 전하고, 이어서 유럽으로 전해지게 된다. 특별한 방법의 계산술을 뜻하는 **알고리즘**이라는 말은 이 수학자의 이름에서 나온 것이다.

8030	2
5687 2343	8 3

아라비아 사람들은 오른쪽 표와 같이, **구거법**에 의한 검산 방법도 함께 제시하였다. 구거법에 대해서는 다음에 다시 설명하겠지만, 간단히 이야기하자면 9를 버린다는 의미이며, 9로 나눈 나머지 수 혹은 한 자리 수가 나올 때까지 각 자리 수를 더하는 것이기도 하다. 예를 들어, 5687의 경우에 5+6+8+7=26, 2+6=8이므로 5687의 구거법에 의한 수는 8이다. 그러므로 5687+2343을 계산할 때, 구거법에 의한 검산 수 8과 3을 쓰고 그 합 8030의 검산 수 2와 각각의 검산 수 8과 3을 더한 수 11의 검산 수와 일치하는지를 확인하였다. 여러 번 지우고 다시 쓰고 하면서 마지막 결과만 남는 인도식 계산 방법에서는 중간 과정을 확인할 수 없기 때문에 이러한 검산 방법이 발달하게 되었다고 할 수 있다.

아라비아를 통해 유럽으로 전해진 인도의 계산 방법은 그 후 더 발전하게 된다. 16세기에 수학자 **프리시우스**(Frisius)는 **산술**(1540년)이라는 책에서 부분합을 구하여 전체의 합을 구하는 방법을 설명하였다. 오른쪽 표에서와 같이, 그는 더하는 수 중 가장 큰 수를 위에 쓴 후에, 오른쪽에서부터 부분합을 구하고 부분합의 합을 구해 전체의 합을 구하는

```
 9279
  389
  479
-----
   27
  22
  9
 9
-----
10147
```

방법을 생각해 내었다. 이러한 방법은 우리가 현재 사용하는 방법과 매우 비슷하다. 왼쪽에서부터 계산하던 방법에서 오른쪽에서부터 계산하는 방법으로 변하게 된 것은 필기도구의 발전에 따른 것으로 생각된다.

현재와 같이 받아올림을 암산에 의해 처리하는 방법은 16세기부터 나타난 것으로 당시의 **레코드**(Recorde)나 **베이커**(Baker), **호더**(Hodder) 등 여러 수학자들은 받아올리는 수를 **기억해 두라**고 하였다. 그렇게 되면 부분합을 구하는 과정을 일일이 기록하지 않아도 되므로 계산 과정이 조금 더 간단해진다. 그 후 누군가에 의해서 받아올리는 것을 기억하지 않고 작은 숫자를 위에 기록하게 함으로써 정신적 부담 없이 쉽게 계산할 수 있게 된다.

우리가 자연스럽게 사용하는 덧셈 방법이 오랜 세월 동안 많은 수학자들에 의해 조금씩 개선되면서 완성되었다는 사실이 너무 놀랍지 아니한가? 수학은 어느 날 갑자기 내 앞에 나타난 낯선 존재가 아니라 우리 주변에서 우리와 함께 생활하면서 조금씩 성장한 우리의 친구인 것이다. 그러므로 모르는 수학이 있어도 두려워 말고 내 주변에 있었던 그 친했던 모습을 찾아보려고 노력하면 수학이 더 가까워지지 않을까?

2-3 뺄셈은 어떻게 했을까?

이번에는 뺄셈 방법이 어떻게 발전해 왔는지를 알아보자. 사실 뺄셈 방법은 나라마다 상당히 다르다. 예를 들어, 7−3을 계산할 때 우리는 보통 7개 중에 3개를 지워버리고 나머지를 세어서 4라고 답한다. 그러나 3에서부터 4, 5, 6, 7과 같이 세어서 답하기도 하고, 7에서 거꾸로 6, 5, 4, 3과 같이 빼는 수인 3까지 세어서 4라고 답하기도 하며, 6, 5, 4와 같이 빼는 수인 3만큼만 세어서 4라고 답하기도 한다. 그런데 큰 수의 뺄셈으로 가면 더욱 복잡해진다.

초등학교 교과서에서는 다음과 같이 13−9를 계산하는 두 가지 방법을 제시하고 있다.

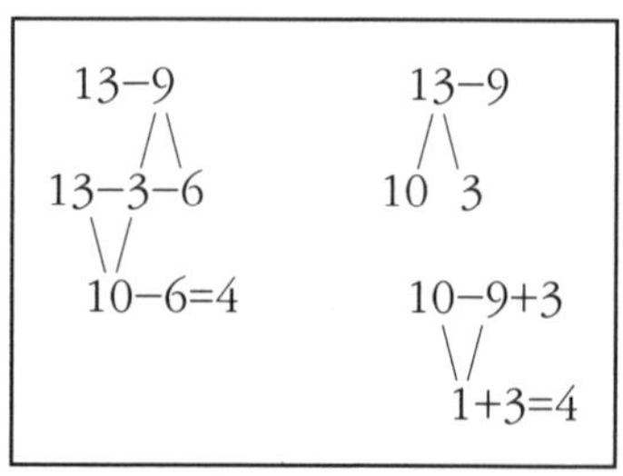

그런데 필자는 아들이 어릴 적에 "14 음, 4"와 같이 답하는 것을 보고 놀란 적이 있었다. 아이는 13에 1을 먼저 더하고 나

서 10을 뺀 것이다. 상당히 멋있는 방법이라고 생각했는데, 옛날 사람들이 이런 방법을 사용했다는 것을 나중에 알고 더욱 놀랐다. 즉 인도의 **바스카라**가 **릴라바티**(1150년)라는 책에서 이런 방법을 사용하였으며, **트레비소**(Treviso)의 **산술**(1478)이라는 책에서도 이런 방법이 나온다. **허스위트**(Huswirt)도 이런 방법으로 뺄셈을 하였는데, 그는 5910101014−4001999195를 계산하면서 다음과 같이 말하였다.

> 나는 4에서 5를 뺄 수 없다. 아래에 있는 수의 간격, 즉 10에서 5의 간격인 5를 취하여 위에 있는 수 4에 더하면 9를 얻는다. 이 수를 가로

5910101014
4001999195
1908101819

선 밑에 쓴다. 나는 1을 머릿속에 기억해 두고 이것을 보상하기 위해 아래에서 다음 수, 즉 9에 1을 더한다.

6 4 0 6 0
2 7 8 7 4
3 6 1 8 6

펠로스(Pellos), **라무스**(Ramus), **베이커**(Baker), **디거스**(Digges) 등도 이 방법을 사용하였으며, **세이본느**(Savonne)는 이 방법을 쓰면서 10을 빌려 올 때 점을 찍어 왼쪽과 같이 나타내었다.

빌려 온 1을 아래에 있는 수의 그 다음 자리 수에 더하는 방법도 많은 사람들이 사용하였다고 한다. 이러한 방법을 **빌린 다음 갚는 방법**이라고 한다. 이 방법 역시 고대 인도 사람들이 사용하였으며, **피보나치**와 **플래너데스**(Planudes)도 사용하였다. 인쇄된 상업용 산술 책으로 유명한 **보르기**(Borghi)의 **산술**(1484)이라는 책에 이 방법에 대한 설명이 쓰여 있다. 보르기는 6354−2978=3376임을 설명하면서, "14에서 8을 빼면 6이고, 15에서 8을 빼면 7이고, 13에서 10을 빼면 3이고, 6에서 3을 빼면 3이다."라고 말하고 있다. 우리가 지금 계산하는 방법인 "14에서 8을 빼면 6이고, 14에서 7을 빼면 7이다."라는 것과 비교해 보고 그 차이점을 생각해 보길 바란다. 15세기와 16세기의 산술 책을 쓴 대부분의 저자들은 이 방법이 가장 좋은 방법이라고 인정하였다.

6354
2978
3376

현재 우리가 사용하는 방법은 **단순히 빌려오는 방법**이다. 이러한 방법 역시 고대 인도 사람들이 사용하였는데, 그들은 예를 들

	빌린 다음 갚는 방법	단순히 빌려오는 방법
6354 − 2978	14에서 8을 빼면 6이고, 15에서 8을 빼면 7이고, 13에서 10을 빼면 3이고, 6에서 3을 빼면 3이다.	14에서 8을 빼면 6이고, 14에서 7을 빼면 7이고, 12에서 9를 빼면 3이고, 5에서 2를 빼면 3이다.

어 51−28을 계산할 때 11에서 8을 빼어 3을 쓰고, 4에서 2를 빼어 2라고 계산하였다. 이 방법은 **알콰리즈미**, **라비 벤 에즈라**(Rabbi ben Ezra)의 책에서도 나타난다. 왼쪽에서부터 계산하던 방식에서 현재와 같이 오른쪽에서부터 계산하게 되면서 13세기 많은 사람들이 이 방법을 좋아하게 되었다.

빼는 대신 **더하는 방법**도 있었다. 243−87=156을, "7에 6을 더해야 13이고(그래서 답의 일의 자리에 6을 쓴다), (밑에 있는 8과 1을 더한) 9와 5를 더해야 14이고(그래서 답의 십의 자리에 5를 쓴다), 1과 1을 더해야 2이다(그래서 답의 백 자리에 1을 쓴다)"와 같이 계산하는 방법이다. 이 방법은 **부테오**(Buteo)가 제안하였는데, 19세기까지 거의 사용되지 않다가 19세기 오스트리아 수학자들에 의해 주목받게 되어, 이 방법을 **오스트리아 방법**이라고 한다.

243 87 156

76원짜리 물건을 사고 100원을 내면 우리는 보통 **단순히 빌려오는 방법**을 사용하여 100−76=24(원)의 거스름돈을 구한다. 그러나 미국에서는 빼는 대신, 먼저 1원짜리를 계속 내주면서 "77원, 78원, 79원, 80원, 오케이?", 이어서 10원짜리를 내주면서

"90원, 100원, 오케이?" 하면서 거스름돈을 내주곤 한다. 수학의 계산에서도 이와 같이 나라마다 독특한 문화와 전통에 따른 차이점이 있다.

2-4 곱셈은 어떻게 했을까?

옛날 사람들은 곱셈을 어떻게 했을까? 타임머신을 타고 중세나 고대로 갔을 때 지금 실력으로 여러분은 훌륭한 수학자로 존경받을 수 있을까? 이제 옛날 사람들이 곱셈을 한 방법을 살펴보고 나서 생각해 보자.

고대 이집트 사람들은 위치적 기수법을 쓰지 않고 절대기수법을 사용하였으므로 같은 수를 반복해서 기록하는 일은 어렵지 않았다. 그러므로 그들은 곱셈을 할 때 **두 배로 만드는 방법**을 사용하였다. 예를 들어, 17×13을 계산할 때 아래 표와 같이 17, 17의 두 배인 34, 두 배의 두 배인 네 배, 여덟 배를 한 다음 그 합이 13이 되도록(∨ 표시가 된 것을 모두 합한 것) 오른쪽의 수를 더하여 그 곱인 221을 얻었다.

∨	1	17
	2	34
∨	4	68
∨	8	136
	13	221

러시아의 농부들은 한 쪽은 두 배가 되

고 다른 쪽은 반이 되도록 하여 곱셈을 한다고 한다. 즉 49와 28을 곱할 때, 49는 계속해서 반으로 만들고(남는 것은 버린다) 28을 계속해서 배로 만든 다음에 홀수인 49, 3, 1의 밑에 있는 수를 더한다. 그래서

$$28+448+896=1372$$

를 얻게 된다.

49	24	12	6	3	1
28	56	112	224	448	896

중세 인도인들은 여러 가지 방법으로 곱셈을 하였는데 그 방법들이 아라비아를 통해 유럽에 전해졌다. 왼쪽에서 오른쪽으로 계산하는 습관 역시 유럽에 전해져서 16세기 말까지 사용되었다. 인도인들이 곱하는 방법 중의 하나는 다음과 같다.

57893412×5를 계산할 때 먼저 5×5=25를 하고 이것을 피승수의 위에 썼다. 이어서 7×5=35이므로 25의 5를 지우고 5에 3을 더한 값 8로 고쳐 쓴다. 이렇게 해서 285를 얻는다. 다음에 8×5=40을 같은 방식으로 계속한다. 이런 식으로 2×5까지 계산해서 289467060을 얻는다.

```
2 8 9 4 6 7 0 6 0
  5 7 8 9 3 4 1 2   5
```

만약 12를 곱하는 경우에는 12를 4×3으로 고쳐서 먼저 4를 곱하고 그 다음에 3을 곱하는 방식으로 곱셈을 하기도 하였다.

인도인은 우리가 현재 사용하고 있는 방식과 비슷하면서도 재미있는 방법으로 곱셈을 하기도 하였다. 735×12=8820을 다음과 같이 표를 이용하여 구하였다.

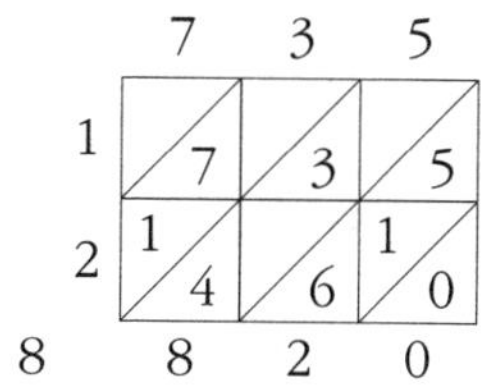

이탈리아의 수도사인 **파촐리**(1445?-1515)는 인도에서 전해진 방법을 포함하여 그 당시 알려진 여러 가지 계산 방법을 모아서 1494년에 **산술집성**이라는 책을 썼는데, 거기에는 여덟 가지의 곱셈 방법이 있다. 그 중 몇 가지를 설명하면 다음과 같다.

그 한 가지 방법은 다음 그림과 같이 승수의 일의 자리 수부터 곱해서 더하는, 현재와 같은 방법이다.

				9	8	7	6
				6	7	8	9
			8	8	8	8	4
		7	9	0	0	8	
	6	9	1	3	2		
5	9	2	5	6			
6	7	0	4	8	1	6	4

교차 곱셈 방법도 있다. 예를 들어 416×253을 계산할 때 다음과 같이 교차하여 곱해서 답을 구한다. 이러한 교차 곱셈은 두 자리 수의 경우 편리하지만 그 이상의 자리 수일 경우에는 불편하다.

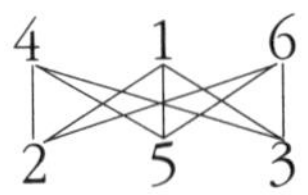

$$6\times3+10\times(1\times3+5\times6)+100\times(4\times3+2\times6+1\times5)+1000\times(4\times5+2\times1)+10000\times(4\times2)$$

$$=105248$$

격자곱셈이라 불리는 다음과 같은 계산 방법도 있다. 인도 사람들이 사용하던 방법과 비슷한데, 당시 베네치아의 창문에 사용되었던 격자 모양과 비슷하다고 해서 붙여진 이름이다. 987×342를 계산할 때 표의 위에 987을 쓰고 표의 오른쪽에 아래로 342를 쓴 다음 하나하나 곱하고 대각선으로 그 수를 합하면 곱의 결과인 337554가 나온다.

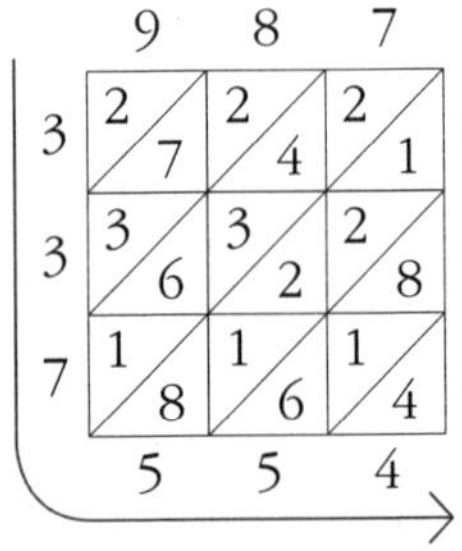

곱하는 수를 몇 개의 인수로 분해해서 순서대로 곱하는 방법도

있다. 예를 들어 72를 곱할 때는 먼저 9를 곱하고 그 다음에 8을 곱하기도 하는데, 이러한 방법은 인도 사람들이 사용했던 것이며 아라비아를 통해 유럽으로 전해졌다. 또 곱하는 수를 인수가 아닌 몇 개의 수로 나누어서 곱하여 더하는 방법도 있다. 타르탈리아가 제시한 예는 다음과 같다.

$$67\times26=67\times(3+4+5+6+8)=201+268+335+402+536=1742$$

아마 여러분은 이런 방법을 쓴다면 다음과 같이 계산하지 않을까?

$$67\times26=67\times(10+10+6)=670+670+402=1742$$

파촐리가 기록한 여덟 가지 방법 중에서 첫 번째 방법이 당시에 유일하게 사용되었다고 하는데, 격자곱셈은 지금도 미국 교과서에서 소개하고 있는 방법이다.

그 당시 파촐리가 소개하지 않은 곱셈 방법도 있었으며, 97까지의 모든 **숫수**들의 **곱셈표**를 이용하여 곱셈을 하기도 하였다. 특히 **여승법**이라는 곱셈 방법을 알면 6단 이상의 곱셈구구를 암기하지 않아도 된다. 여승법은 다음과 같이 계산한다. 7과 8을 곱할 때 ① 각각 10의 여수인 3과 2를 구한다. ②

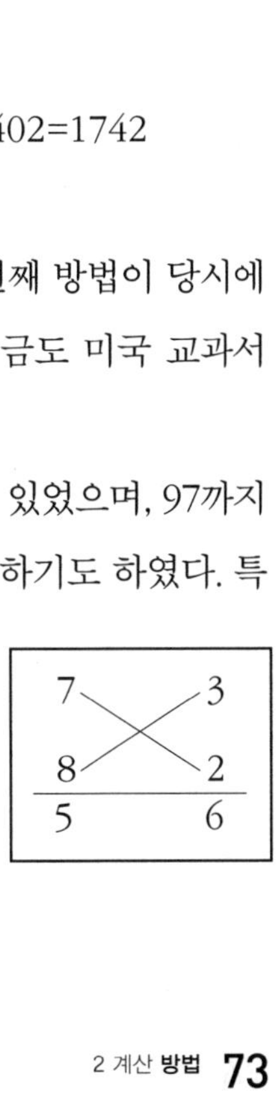

7과 8을 더한 후 10을 뺀 수 5에 10을 곱한다. ③ 여수인 3과 2를 곱한다. ④ ②의 50과 ③의 6을 더한 값 56이 7과 8의 곱이다. 이런 방법이 왜 성립하는지 놀랍지 않은가?

우리가 학교에서 배우는 세로 곱셈 방법은 여러 가지 곱셈 방법 중에서 가장 편리하고 효과적인 것으로 인정된 방법 중의 하나이다. 그렇기 때문에 여러분이 타임머신을 타고 과거로 갔을 때 아마도 여러분의 계산 실력은 매우 뛰어날지도 모른다. 그러나 과거 사람들의 계산 방법에는 지금도 놀랄 만한 창의적인 생각이 많이 들어 있음을 알 수 있다. 여러분도 이집트나 러시아의 농부들이 했던 방법 또는 격자곱셈과 같은 방법으로 곱셈을 해 보면 어떨까?

2-5 나눗셈 방법은 아주 어려워요

지금 학생들도 사칙연산 중에서 나눗셈 방법을 가장 어려워하지만 옛날 사람들에게는 나눗셈이 더욱 어려운 문제였을 것이다. **파촐리**가 "나눗셈을 잘 할 수 있다면 그 밖의 모든 것은 쉽다. 나머지 모든 것이 그 안에 들어 있기 때문이다." 라고 말한 것처럼, 나눗셈은 사칙계산 중에서 가장 어렵고 복잡한 것이므로 나눗셈 방법이 어떻게 발전해 왔는지를 살펴보는 것은 매우 흥미로운 일이 아닐 수 없을 것이다.

나눗셈은 두 가지 의미를 가지고 있다. 나누어지는 수(피제수)에 나누는 수(제수)가 몇 번 들어갈 수 있는지를 알아보는 나눗셈(포함제)과 똑같이 나누어주면 몇 개씩 줄 수 있는지를 알아보는 나눗셈(등분제)이 그것이다.

고대 이집트 사람들은 피제수에 제수가 몇 번 들어가는지를 알아보기 위해 제수를 두 배, 네 배로 만들거나 또는 그 반을 구하

1	8
* 2	16
$\frac{1}{2}$	4
* $\frac{1}{4}$	2
* $\frac{1}{8}$	1

[표 1]

는 과정을 반복하여 나눗셈을 하였다. 예를 들어 19÷8은 19 속에 8이 몇 개 들어 있는지를 [표 1]과 같은 방법으로 구하였다. 19=16+2+1이므로 8을 하나로 볼 때 몫은 $2+\frac{1}{4}+\frac{1}{8}$이 된다.

인도인들의 나눗셈 방법에 대한 기록은 거의 남아 있는 것이 없다. 아라비아의 **알콰리즈미**(Al-Khwarizmi)는 [표 2]와 같은 방법으로 나눗셈을 하였다. 알콰리즈미의 방법을 이해하는 것이 쉽지는 않으나, 그의 방법을 살펴보면 당시의 나눗셈 방법이 얼마나 어려운 것이었는지를 이해하는 데는 도움이 될 것이다. 46468÷324를 알콰리즈미의 방법으로 계산해 보자.

136	
14	
110	
12	
140	
143	← 몫
46468	← 피제수
324	제수
324	제수
324	제수

[표 2]

먼저, 제수 324를 피제수 46468 밑에 쓰고, 몫 143은 그 위에 썼다. 몫 143을 구하는 과정을 자세히 살펴보자.

① 464를 324로 나누면 몫은 1이고 나머지는 140이다. 그러므로 몫을 쓰는 곳에 1을 쓰고 그 위에 나머지140을 기록한다. ② 이제 140을 32로 나누어서 몫이 얼마가 될지를 살펴본다. 몫이 4이고 나머지가 12이다. 그러므로 이제 제수 324를 오른쪽으로 한 칸 이동하여 쓰고, 1406을 324로 나눈

다. 이때 몫이 4이고 나머지는 110이 된다. 몫의 자리에 14를 기록하고 위에 나머지 110을 적는다. ③ 110을 32로 나누어서 몫이 얼마가 될 것인지를 추정하는데, 몫이 3이고 나머지가 14가 된다. 그러므로 다시 제수 324를 오른쪽으로 한 칸 이동하여 기록하고 1108을 324로 나눈다. 몫은 3이 되므로 몫의 자리에 3을 쓰고(그러면 몫은 143이 된다) 나머지를 구하면 136이다. 따라서 이 나눗셈은 몫이 143이고 나머지는 136이 된다.

②와 ③에서 제수인 324를 오른쪽으로 옮겨 쓰는 것은 나눌 때 몫의 자리를 실수하지 않기 위한 것이고, 몫과 나머지 과정이 복잡하게 느껴지는 것은 이 계산을 종이 위에서 하기 때문일 것이다. 지우고 쓰기 쉬운 모래판 위에서 계산한다면 이 과정이 조금은 덜 복잡해 보일 것이다. 그렇기는 해도 결코 쉬운 과정은 아니다.

이런 나눗셈 방법이 유럽에 전해져서 사용되었다고 하니 나눗셈이 얼마나 힘든 계산 방법인지를 알 수 있을 것이다.

실베스트로 2세라는 로마 교황이 된 **제르베르**(Gerbert, 930?-1003)는 **산판의 계산법**이라는 책을 출판하였는데, 그의 **나눗셈에 관한 법칙**은 나눗셈에 관해 현재 남아 있는 책 중에서 가장 오래된 것이라고 한다. 제르베르의 나눗셈 방법을 **여제법**이라고 하는데, 그것은 예를 들어 6으로 나눌 때 6의 **여수**인 4를 더해서 10으로 계산하기 때문이다. 4087÷6=681...1의 예를 들어 보자.

천	백	십	일
			4
			6
~~4~~		~~8~~	~~7~~
~~1~~	~~6~~	~~6~~	~~4~~
~~1~~	~~4~~	~~4~~	~~8~~
	~~4~~	~~8~~	~~9~~
	~~1~~	~~4~~	~~4~~
	~~1~~	~~2~~	~~3~~
	~~1~~	~~4~~	~~4~~
		~~6~~	~~7~~
		~~2~~	1
		~~1~~	
		~~1~~	
	~~4~~	~~4~~	~~6~~
	~~1~~	~~1~~	~~2~~
	~~1~~	~~1~~	~~1~~
	6	~~1~~	~~1~~
		8	~~1~~
			1

[표 3]

① [표 3]에서와 같이 피제수 4087을 쓰고 그 위에 제수 6을 쓴다. 6 위에 6의 여수인 4를 쓴다.

② 이 여수 4에 천의 자리에 있는 4를 곱하고, 그 곱인 16을 천 자리와 백 자리에 각각 1과 6을 쓴다. 이미 사용한 천 자리의 4를 지우고 밑의 수평선 밑인 몫 난에, 한 자리 오른쪽인 백의 자리에 4를 써서 몫으로 한다.

③ 천 자리의 1에 4를 곱해 그 곱인 4를 백의 자리에 쓰고, 1은 지워 밑의 수평선 밑인 몫 난의 백의 자리에 1을 쓴다.

④ 백의 자리에 있는 6과 4를 더하여 그 합인 10의 1을 천의 자리에 쓰고 6과 4는 지운다.

⑤ 천의 자리의 1에 4를 곱하여 그 곱인 4를 백의 자리에 쓰고, 천의 자리의 1은 지워 몫으로 백의 자리에 1을 쓴다.

⑥ 백의 자리의 4에 4를 곱하여 16을 얻는데, 1은 백의 자리에 6은 십의 자리에 쓴다. 그리고 백의 자리의 4를 지우고 이 4는 몫 난의 십의 자리 밑에 쓴다.

⑦ 백의 자리의 1에 4를 곱하고 곱인 4를 십의 자리에 쓰고, 백의 자리의 1은 지워 십의 자리 밑의 몫 난에 1을 쓴다.

⑧ 이와 같은 과정을 반복하여 몫 난의 백, 십, 일의 자리에 있

는 모든 수를 합하면 이 나눗셈의 몫으로서 681을 얻고, 위의 일의 자리에 남아 있는 수 1은 나머지가 된다.

교황이 나눗셈 방법에 관심을 가졌다는 것도 신기하지만, 당시의 여제법이 아주 복잡한데 어떻게 이런 방법을 찾아내었는지 궁금할 뿐이다.

파촐리(1445?-1515)는 그의 **산술집성**에서 나눗셈에 대해 4개의 방법을 제시하고 있다.

① 첫 번째 방법은 제수가 한 자리 또는 두 자리 수인 경우로서 곱셈표를 이용하였다.

② 두 번째 방법은 예를 들어 216÷24를 216÷8÷3과 같이 제수의 인수로 계속 나누는 방법이다.

③ 세 번째 방법은 우리가 지금 사용하는 **장제법(긴 나눗셈 방법)**의 일종이다. 장제법은 오래된 역사를 갖고 있다. 아라비아와 페르시아에서 사용한 장제법은 [표 4]와 같다. 즉 1729÷12=144...1의 계산을 할 때 제수인 12는 밑의 칸에 순서대로 한

	1	4	4	← 몫
1 1 — 0	7 2	2	9	← 피제수
	5 4 — 1	 8		
		4 4 — 0	 8	
   1	 1 2	 1 2	1 2	← 나머지 제수

[표 4]

칸씩 옮겨 썼으며 몫은 가장 위에 썼다.

```
  62
 798
10216
59078  (798
 7444
  77
```

[표 5]

④ 네 번째 방법을 영국에서는 **말소법**이라고 불렀지만 이탈리아에서는 **갈레법**이라고 불렀다. 나눗셈이 끝났을 때 숫자의 배열이 갈레선이라는 배 모양과 비슷하기 때문이다. 갈레법에 의해 59078을 74로 나누면 [표 5]와 같다.

갈레법은 16세기 말경에도 **장제법**보다 우수하다고 하여 널리 사용되었으며 영국에서는 18세기 말까지도 계속되었다. 그러나 이 방법은 인도인들이 산판에서 지우면서 사용하였던 방법을 지우지 않고 사선으로 말소하면서 기록으로 남긴 것에 지나지 않는다.

17세기가 시작되면서 장제법이 갈레법을 대신하기 시작했으며, 17세기가 끝날 무렵 우리가 지금 사용하는 방식으로 나눗셈

```
      625
25 ) 15625
      62
      125
        0
```

[표 6]

방법이 점차 확정되어갔다. [표 6]은 **카탈디**(Cataldi)가 제시한 장제법이다. 현대의 방법과 비교해 보면 이 방법에는 25×6=150을 쓰고 이를 156에서 빼는 과정 없이 뺄셈의 결과인 6만 밑에 쓰고 있음을 알 수 있다. 이렇게 곱하고 빼는 과정을 모두 머릿속에서 처리해야 하기 때문에 정신적 부담이 매우 크다. 지금 우리가 사용하는 나눗셈 방법에서는 이 모든 과정이 기록되기 때문에 머릿속에서 처리하지 않아도 되어 정신적 부담이 적다. 그럼에도 불구하고 나눗셈을 어려워하고

있다면 옛날 사람들의 어려움을 생각하면서 조금 더 참고 노력해 보기 바란다.

지금까지 살펴본 것처럼, 과거의 나눗셈 방법은 어느 것도 그리 쉬운 것이 아니며 오랜 세월에 걸쳐서 지금과 같은 방법으로 발전해 왔음을 알 수 있다. 18세기 말경까지 영국의 유명한 공립학교의 보통 수준의 학생들은 2021을 43으로 나누는 것을 제대로 하지 못했다고 하니, 우리는 매우 편리하고 강력한 계산 방법을 알고 있으며, 또한 계산기까지 가지고 있으니 얼마나 감사한 일인가! 수학이 어렵다고 투덜대지만 말고 옛날 사람들보다 훨씬 편하게 공부하고 있음을 감사해 하고 더 편리한 방법을 찾아보려고 노력해 보자.

2-6 검산 방법의 발달

사람은 아무리 주의를 기울여도 실수하게 되고 그래서 우리는 어떤 계산을 하고 나면 검산을 해야 한다. 필자도 고등학교 2학년 때 과학 시험을 보면서 15×6=80으로 답하고 다섯 번이나 재확인했는데도 틀렸던 경험이 있다. 그러면 옛날 사람들은 어떻게 검산을 했을까?

먼저 **역연산에 의한 검산**을 알아보자. 이것은 덧셈은 뺄셈으로, 뺄셈은 덧셈으로, 곱셈은 나눗셈으로, 나눗셈은 곱셈으로 확인하는 것이다. 이 방법은 번거롭고 시간이 많이 걸릴 수 있지만 가장 확실하기 때문에 16세기 여러 수학자들이 이 방법을 주장하였다. 우리나라 교과서에서도 지금 이런 방법으로 검산을 지도하고 있다.

그러나 역연산 방법보다 더 간편한 방법이 오래 전부터 사용되어 왔다. **구거법**(九去法)이 그것이다. 이것은 9를 버린다는 의

미인데, 9를 버리고 남은 수로 계산하는 것이다. 먼저 9를 버리는 방법을 생각해 보자. 몇 가지 방법이 있는데, 첫째 9로 나누어서 나머지만 생각하는 방법이다. 예를 들어 569342를 9로 나누면 몫이 63260이고 나머지가 2이다. 그러나 이렇게 나누는 일 자체가 복잡하고 시간이 걸린다. 그래서 각 자리 수를 모두 더한다. 즉 5+6+9+3+4+2=29이고 이 수의 각 자리 수를 또 더하면 2+9=11, 다시 더하면 1+1=2가 된다. 이 방법도 귀찮으면 처음부터 각 자리 수를 합해서 9가 되면 버리는 방법이 있다. 즉 569342에서 천의 자리 수 9는 버리고 6과 3을 더하면 9가 되므로 이것도 버리고 5와 4도 더하면 9가 되므로 이것도 버리고, 그러면 남는 수는 2뿐이다. 어떤 방법을 사용하든 569342의 경우 구거법의 **검산 수**는 2가 된다. 이러한 검산 수를 가지고 사칙 계산을 하여 처음 계산한 결과와 맞는지를 확인하는 것이다.

이제 구거법에 의해 검산을 해 보자. 먼저, 뺄셈 4540135-1532458=3008677이 맞았는지 확인해 보자. 4540135의 검사 수는 4이고 1532458의 검사 수는 1이다. 그러므로 4540135-1532458의 결과의 검사 수는 4-1=3이 되어야 한다. 그런데 계산한 결과인 3008677의 검사 수는 4이다. 그러므로 이 계산은 틀렸다는 것을 알 수 있다.

4540135	4
1532458	1
3008677	4

75×34=2550의 경우, 곱하는 두 수 75와 34의 검사 수 3과 7의 곱을 구한 후 그 검사 수를 구한다(곱은 21이고 검사 수는 3이

다). 그런데 원래 수의 곱인 2550의 검사 수 역시 3이다. 그러므로 이 계산은 맞았다고 볼 수 있다.

나눗셈의 검산은 나눗셈과 곱셈의 관계를 이용해야 한다. 즉 53648 ÷ 25 = 2145...23이 맞는지를 검산하려면 25 × 2145+23 = 53648이 되는지를 확인해야 한다. 25, 2145, 23, 53648의 검사 수는 각각 7, 3, 5, 8이다. 그러므로 검사 수에 의해 7×3+5 = 26의 검사 수 8과 53648의 검사 수가 일치하는지를 보면 된다. 이 경우는 같으므로 이 계산은 맞았다고 생각할 수 있다.

구거법에 의해 틀린 결과가 나오면 이 계산은 무조건 틀렸다고 할 수 있다. 그러나 일치하는 결과가 나온다고 하더라도 그 계산이 맞았다고 장담할 수는 없다. 서로 다른 수 1234와 12934의 검사 수가 모두 같은 1인 것처럼 9의 배수만큼 틀려도 같은 결과가 나오기 때문이다. 그러나 역연산에 의한 방법보다 훨씬 간편하기 때문에 구거법이 애용되었다. 특히 계산 과정이 모두 사라지고 오직 계산 결과만 남는 방법을 사용하면 계산이 올바르게 되었는지를 확인하기가 거의 불가능하다. 그래서 구거법이 필요해진 것이다. 그러나 구거법이 언제부터 시작되었는지를 알기는 쉽지 않다. 12세기 이전에는 인도의 누구도 구거법을 사용했다는 기록이 없다. 반면 아라비아에서는 **알콰리즈미**가 8세기 초에 이 방법을 사용했다는 기록이 있다. 특히, 3세기에 로마의 **하이폴리투스**(Hippolytos)가 최초로 구거법을 사용한 것으로 알려져 있는데, 그는 이것이 피타고라스 학파 덕분이라고 말한다. 그럼에도 불구하고 아라비아 수학이 인도 수학에서 나왔기 때문에 구거법이 인도에서 시작되었다고 믿는 사람들이 많다.

구거법이 아라비아에서 유럽으로 전해지게 되는데, 유럽에서는 **피보나치**(1202), **비드만**(1489) 등의 책에서 이 방법이 나타난다. 그러나 구거법에 의한 검산이 항상 옳은 것은 아니기 때문에 구거법에 대한 찬성과 반대가 많았다. 미국에서는 반대론이 우세한 19세기에 구거법이 산술책에서 삭제되었다가 1900년 이후에 다시 나타나기도 하였다.

어떻게 과거 사람들이 9라는 수에 관심을 가지고 이런 방법을 찾아내었는지 궁금하기만 하다. 그러나 곱셈구구의 9단에서 신비한 규칙을 쉽게 찾아볼 수 있는 것처럼 9라는 수에 특별한 관심을 갖게 되었음은 분명할 것이다.

9 이외의 다른 수로 검산하는 방법도 있다. 피보나치는 7, 9, 11에 의해 검산하는 방법을 소개하였으며, 중세에는 2, 3, 5, 6, 13, 19 등의 수로 검산하는 방법을 소개하는 책들도 있었다. **파촐리**도 **산술집성**에서 곱셈 방법을 소개하면서 7을 버리는 방법을 이용하여 검산하고 있다. 7을 버리는 방법은 구거법과 같이 간단한 방법은 아니지만 7, 70, 700, 7000과 같은 수를 버리고, 각 자리마다 7의 배수가 되는 수를 계속해서 버릴 수도 있다. 달력을 이용하면 더 편리할 수도 있다. 그러나 아마도 9를 이용하는 방법이 가장 편하고 효율적인 모양이다. 그렇지만 이러한 검산법이 틀렸다는 것은 확실히 알 수 있지만 맞았다는 것을 확실히 말해주지는 않기 때문에 두세 가지 검산법을 함께 사용한다면 더 확실하게 확인이 가능할 것이다.

여러분은 복잡한 수의 덧셈과 뺄셈, 곱셈과 나눗셈을 한 후 어떻게 검산하겠는가? 역연산을 해 보거나, 구거법 등을 사용할 수 있을 것이다. 다만 구거법은 틀린 경우만을 확실히 알 수 있기 때문에 계산 결과의 정확성을 100% 확신할 수는 없으나, 빠르고 편리하다는 장점이 있다. 분명한 것은, 어떤 방법을 사용하든 정확하고 편리하게 검산할 수 있는 방법을 찾아 이용하는 것이 자신에게 도움이 된다는 것이다.

2-7 왜 오른쪽에서 왼쪽으로 계산할까?

히브리어는 오른쪽에서 왼쪽으로 써 나간다. 그러나 거의 대부분의 언어는 왼쪽에서 오른쪽으로 써 나간다. 우리가 오른손으로 글을 쓰기 때문에 왼쪽에서 오른쪽으로 글을 써야 눈에 잘 띄기 때문일 것이다. 그런데 수학에서 계산할 때는 왜 오른쪽에서 왼쪽으로 하는 것일까?

사실, 옛날에는 그렇게 계산하지 않았다. 이집트나 그리스 사람들은 **산판**에 작은 돌을 놓아 수를 나타내고, 돌을 움직이면서 계산하였다. 역사가 **헤로도토스**는 이집트 사람들은 오른쪽에서 왼쪽 방향으로 손을 움직이며 작은 돌로 계산하였으며, 그리스 사람들은 왼쪽에서 오른쪽으로 움직였다고 말한다. 그런데 돌이나 주판을 이용하지 않고 글을 쓰면서 계산할 때는 필기도구가 중요한 역할을 하게 된다.

우리가 지금 사용하는 수 체계를 발명한 옛날 인도 사람들은 대나무 펜으로 작은 흑판에 흰 액체를 이용하여 수를 썼는데, 쉽게 지울 수 있었다. 그래서 23789에 38576을 더하려면 왼쪽부터 시작해서 2+3=5, 3+8=11, 여기서 5를 지우고 6으로 바꿔 쓰고, 7+5=12, 이제 1을 지우고 2로 바꿔 쓰는 방식으로 62365를 구하고, 계산 결과를 위에 기록하였다. 뺄셈과 곱셈 방법도 마찬가지였다.

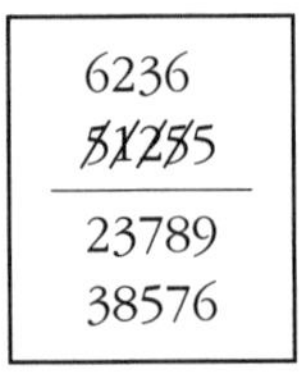

〈23789+38576의 계산〉

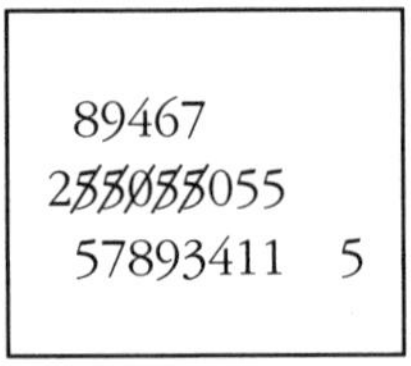

〈57893411×5의 계산〉

이러한 방법은 쓰고 지우기 편리하고 공간이 작은 조그만 산판 위에서 계산하는 데 매우 편리한 방법이다. 그러나 종이 위에서 계산할 때는 재빨리 깨끗하게 지우는 것이 어렵기 때문에 이 방법은 불편하다. 초기 아라비아 사람들은 인도의 이런 방법을 개량하지 못해서 수를 지우는 대신 과 같이 새로운 수를 그 위의 줄에 쓰는 방법을 사용하였다.

왼쪽에서 오른쪽으로 계산하는 방법은 유럽으로 전해져 16세기 말경까지 유럽에서 행해졌다. 현재와 같이 오른쪽에서 왼쪽으로 계산하고 그 결과를 아래에 적는 방법은 1488년 프랑스 수학자 **사쿠로보스코**가 사용하였으며, 받아올림을 **암산**으로 처리하는 것은 16세기 이후에 나타났다.

그러면 왜 이런 일이 생기게 된 것일까? 우리가 시장에서 물건을 사고 그 값을 어림할 때는 대부분 가장 큰 자리의 수부터 계산하곤 한다. 즉 왼쪽부터 계산하는 것이 자연스러운 일이며, 쉽게 쓰고 지울 수 있는 모래나 특별한 산판은 그런 사고를 구체화시켜주는 도구였다. 그러나 산판보다 더 편리한 종이와 연필이 개발된 지금에 와서, 종이에 기록할 때는 옛날과 같이 지우는 것이 어렵고 지저분하기 때문에 **깨끗하게** 계산하는 방법을 찾아낸 것이라고 할 수 있다. 다시 말해서, 수학은 시대에 따라 진화 발전해 나간다는 것이다.

최근에는 학교 교육에서 암산과 어림을 강조하면서 왼쪽에서 오른쪽으로 계산하는 방법이 다시 등장하고 있다. 그러므로 수학을 가르칠 때는 교과서에 제시된 표준 계산 방법만을 강요할 것이 아니라 아동들이 생각해 내는 다양한 계산 방법을 인정하고, 그것을 발전시켜 주는 것이 아동들의 수학적 능력을 길러주는 방법이 될 수 있을 것이다.

2-8 분수 계산은 어떻게 했을까?

여러분은 자연수에서와는 달리 분수를 곱할 때 그 결과가 작아지는 것에 당황한 적은 없는가? **산술집성**이라는 책을 쓴 이탈리아의 수도사인 **파촐리**(1445?-1515)는 분수를 곱하면 그 곱이 처음 수보다 작아지는 것에 매우 당혹해 했었다고 한다. 그러니 분수의 나눗셈 결과에도 마찬가지로 많은 수학자들이 당혹해 했을 것이다. 우리가 초등학교에서 배우는 분수의 덧셈과 뺄셈, 곱셈과 나눗셈을 옛날 사람들은 어떻게 계산했는지 중국의 **구장산술**과 1202년에 **피보나치**가 쓴 **산반서**(Liber Abaci), 1494년에 **파촐리**가 쓴 **산술집성**의 내용을 중심으로 살펴보자.

1) 분수의 약분

구장산술에는 $\frac{49}{91}$를 약분하는 문제가 있다. 그리고 약분하는 방법으로, 반으로 나눌 수 있는 것은 반으로 나누면 되고, 반으로 나눌 수 없을 때는 분모와 분자의 수를 다른 곳에 두어 큰 것에서 작은 것을 빼고, 다시 서로서로 빼어서 그것이 같아지는 수를 구하여 그 같은 수로 나눈다고 하였다.

우리는 분수를 약분할 때 기약분수가 될 때까지 분자와 분모의 공약수로 분자와 분모를 계속 나누거나, **최대공약수**를 구하여 한 번에 분자와 분모를 나누어 약분한다. 그런데 구장산술에서는 분수를 약분할 때 분자와 분모를 최대공약수로 나누도록 하면서 최대공약수를 구하는 다른 방법을 제시하고 있는데, 이 방법은 우리가 사용하는 방법이 아니라 **유클리드의 호제법**으로 알려진 것이다.

49와 91의 최대공약수를 유클리드의 호제법으로는 다음과 같이 구한다.

<table>
<tr>
<td>49   91
− 42 ↖   − 49
7   42
     − 42
     0

그러므로 49와 91의
최대공약수는 7이다.</td>
<td>1. 작은 수 49로 91을 나누어 나머지를 구한다.
(나머지는 42)
2. 42로 49를 나누어 나머지를 구한다.
(나머지 7)
3. 7로 42를 나누어 나머지를 구한다.
(나머지 0)
4. 7이 49와 91의 최대공약수이다.</td>
</tr>
</table>

유클리드의 호제법은 기원전 300년경에 그리스의 유클리드가 쓴 **원론**이라는 책의 7권에 실려 있는 내용이다. 그런데 이와 똑같은 방법이 구장산술에 등장한다. 구장산술은 누가 언제 쓴 것

인지는 알지 못하나, 기원전 200년에서 기원전 100년 사이에 쓰여진 것으로 보인다. 서기 263년 삼국시대 위나라의 유휘(劉徽)가 주석을 붙여 펴낸 것이 지금 전해지고 있는 것이다. 어느 한 곳에서 이 방법을 발견하여 다른 곳으로 전한 것인지, 아니면 중국과 그리스에서 독자적으로 발전했는지는 알 수 없으나 상당히 신기한 일임에는 틀림없다.

16세기에도 유럽에서는 분수를 약분하기 위해서 분자와 분모의 공약수로 계속해서 나누었다. 그래서 그 당시에는 공약수를 쉽게 찾을 수 있게 하기 위해서 어떤 수가 2의 배수, 3의 배수, 5의 배수, 또는 7의 배수인지 조사하는 방법을 다루었다. 그런데 공약수

를 쉽게 찾을 수 없을 때는 최대공약수를 찾는 방법을 알아야 하는데, 당시 수학자들은 유클리드의 호제법을 제시하고 있다. 우리가 지금 학교에서 배우는 방법을 언제 누가 발견했는지는 모르지만 유클리드의 호제법은 적어도 기원전 300년 전부터 16세기까지 동양과 서양에서 두루 사용되었다는 사실을 알 수 있다.

2) 분수의 덧셈

구장산술에서는 분수의 덧셈 방법을 다음과 같이 말하고 있다.

> 분모와 분자를 서로 곱해서 더한 것을 분자로 하고 분모끼리 서로 곱한 것을 분모로 한다. 분모가 같은 것은 그대로 서로 더하면 된다.

피보나치의 **산반서**에는 이와는 달리, 다음과 같이 설명하고 있다.

> $\frac{1}{3}$과 $\frac{1}{4}$을 더할 때 그것의 $\frac{1}{3}$과 $\frac{1}{4}$이 자연수가 되는 수를 구한다. 그것은 3과 4를 곱한 수 12이다. 이 수를 분모로 한다. 이제 12의 $\frac{1}{3}$과 $\frac{1}{4}$인 4와 3을 더한 수 7을 분자로 하면 $\frac{1}{3}$과 $\frac{1}{4}$의 합인 $\frac{7}{12}$이 된다.

이 방법은 상당히 복잡해 보인다. 그러나 구장산술이 덧셈을 하는 방법을 제시하고 있다면, 산반서의 내용은 복잡한 대신 그렇게 계산하는 이유도 어느 정도 설명에 포함되어 있다고 할 수 있다.

한편, 산반서에서는 두 분수의 분모가 1이 아닌 공약수를 가질 경우에 공통분모를 구하는 방법도 설명하고 있다. 즉 $\frac{5}{6}$와 $\frac{7}{10}$을 더하려면,

어떤 수의 $\frac{5}{6}$와 $\frac{7}{10}$이 자연수가 되는지를 알아본다. 그것은 6과 10을 곱하여 얻어지는 60이다. 그런데 이 수보다 작은 수도 찾을 수 있다. 6과 10이 공약수 2를 가지므로 두 분수의 분모를 곱한 수 60을 공약수 2로 나누면 30이다. 이제 30의 $\frac{5}{6}$와 $\frac{7}{10}$을 구하면 25와 21이다. 이 두 수를 더한 수 46이 분자가 되므로 $\frac{5}{6}$와 $\frac{7}{10}$의 합은 $\frac{46}{30}$이다.

이 방법은 두 분수의 분모를 곱하여 공통분모로 하지 않고, 두 분수가 공약수를 가질 때 좀더 작은 공통분모를 찾는 방법이다. 그러나 16세기까지는 피보나치가 제시한 이런 방법보다 두 분수의 분모를 곱하여 분모로 삼고 계산을 한 다음 약분하는 방법이 일반적이었다.

3) 분수의 뺄셈

구장산술에서는 분수의 뺄셈 방법으로 다음과 같이 말하고 있다.

분모와 분자를 서로 곱하여 큰 것에서 작은 것을 뺀 나머지를 분자로 하고 분모끼리 곱한 것을 분모로 한다.

이 방법대로 하면 $\frac{3}{4}$에서 $\frac{1}{3}$을 뺄 때 $\frac{3}{4} - \frac{1}{3} = \frac{9-4}{12} = \frac{5}{12}$와 같이 계산하면 된다.

산반서에서는 $\frac{5}{9}$에서 $\frac{1}{6}$을 뺄 때, 먼저 어떤 수의 $\frac{5}{9}$와 $\frac{1}{6}$이 자연수가 되는 수를 구한다. 그 수는 18이다. 이제 18의 $\frac{5}{9}$와 $\frac{1}{6}$을 구하면 각각 10과 3이므로 10에서 3을 뺀 7을 분자로, 18을 분모로 하면 $\frac{7}{18}$이 답이 된다.

4) 분수의 곱셈

구장산술에서 분수의 곱셈은 직사각형 모양의 밭의 넓이를 구하는 문제를 통해 제시하고 있는데, 분모끼리 서로 곱하여 분모로 삼고 분자끼리 곱한 것을 분자로 삼는다고 하였다.

피보나치는 산반서에서 비슷하면서도 다른 방법을 제시하고 있다. $\frac{3}{7}$과 $\frac{4}{9}$를 곱하고 싶다면 먼저 분수의 가로선 위에 있는 3과 4를 곱하고, 이것을 분수의 가로선 아래에 있는 7과 9로 나누게 하고 있다. 구장산술에서처럼 분자끼리 곱하고 분모끼리 곱해서 각각을 분자와 분모로 삼지 않고 분자끼리 곱한 것을 두 분모의 수로 연달아 나누게 한 이유는, 인도에서의 나눗셈 방법에서 비롯되었다고 볼 수 있다.

피보나치의 설명대로 이 분수를 곱하면 다음과 같다. 먼저 분자 3과 4를 곱해서 12를 얻는다. 12를 7로 나누면 몫이 1이고 나머지가 5이다. 이제 몫 1을 9로 나누면 새로운 몫은 0이고 나머지가 1이다. 이것을 피보나치 방식의 분수로 나타내면 $\frac{5\ 1}{7\ 9}$이 된다. 이 값은 현대식으로 표현하면 $\frac{5}{7\times9}+\frac{1}{9}=\frac{12}{63}$이다. $\frac{12}{63}$를 $\frac{5\ 1}{7\ 9}$과 같이 나타내는 것은 피보나치의 산반서에는 당연한 일이고 16세기의 수학책에서도 이런 표현은 흔하다고 한다.

한편, 피보나치는 분모를 63이 아닌 21로 만들 수 있는 두 가지 방법을 제시하고 있다. 첫째는, 12와 63을 3으로 나누면 $\frac{4}{21}$가 된다. 둘째는 3과 9를 3으로 나누는 방법이다. 그러면 $\frac{1}{7}$과 $\frac{4}{3}$를 곱하는 것과 같게 된다.

5) 분수의 나눗셈

구장산술에는 분수의 나눗셈 문제는 거의 없다. 그러나 다음과 같은 문제가 있다.

$3\frac{1}{3}$ 사람이 있는데, $6\frac{1}{3}$전과 $\frac{3}{4}$전을 나눈다. 각자 얼마씩 얻겠는가?

$3\frac{1}{3}$ 사람이라는 상황이 옳지는 않지만, 구장산술에서는 이런 나눗셈은 사람 수를 분모로 하고 돈의 수를 분자로 한다고 하였다. 그런데 실제로 분자와 분모에 분수가 들어 있는 분수를 어떻게 간단히 하는지는 설명하지 않고 다만 답으로 "각자 $2\frac{1}{8}$전씩을 얻는다."와 같이 제시되어 있다.

피보나치는 83을 $5\frac{2}{3}$로 나눌 때, 먼저 이 수들이 $\frac{1}{3}$의 몇 배인지를 구하고 있다. $5\frac{2}{3}$는 $\frac{1}{3}$이 17개이다. 83은 3을 곱하면 249가 되므로 83은 $\frac{1}{3}$이 249개가 된다. 그러므로 249를 17로 나누면 된

다. 또 $171\frac{2}{5}$를 $13\frac{3}{4}$으로 나눌 때는 이 수들이 각각 $\frac{1}{20}$의 3428배, 275배임을 구한 다음 3428을 275로 나누는데, 275로 단번에 나누지 않고 5, 5, 11로 순차적으로 나누어서($275=5\times5\times11$) 이 답을 구하고 있다.

분수 나눗셈에 대한 피보나치의 방법은 피제수와 제수 모두 통분한 다음 피제수의 분자를 제수의 분자로 나누되, 제수의 인수로 순차적으로 나누어서 답을 구하는 것이다. 피보나치의 방법 중에서 단위분수가 몇 개인가를 구하고 그 개수끼리 나누는 것은 현재 초등학교에서 분수의 나눗셈을 가르칠 때 분모를 통분한 다음 분자끼리 나누도록 하고 있는 것과 아주 비슷한 방법이다. $171\frac{2}{5} \div 13\frac{3}{4}$의 결과는 $\frac{3428}{275}$인데, 피보나치의 방법처럼 5, 5, 11로 순차적으로 나

누면 그 답은 12와 $\frac{3\ 0\ 5}{5\ 5\ 11}$이다. $\frac{3\ 0\ 5}{5\ 5\ 11}$는 $\frac{3}{5\times5\times11}+\frac{0}{5\times11}+\frac{5}{11}$를 의미한다. 상당히 복잡하고 어렵게 느껴지는 분수지만 실제로 이러한 결과는 아주 쉽게 얻어진다.

그런데 우리는 분수의 나눗셈을 할 때 제수의 역수를 곱하고 있다. 이러한 사실을 인도나 아랍의 일부 수학자들도 알고 있었지만, 이 방법이 일반화되지는 않았으며, 스티펠(Stifel, 1544)의 책에서 등장한 후 17세기에야 일반화되었다. 15세기경 유럽의 수학자들은 다음과 같은 두 가지 계산 방법을 제시하였다.

① 두 분수를 통분한 다음 분자끼리 나누는 방법

피보나치의 설명이 이와 유사한 방법이며, 우리나라 초등학교 수학 교과서에서 분수의 나눗셈을 지도할 때 역수의 곱을 이끌어내기 전에 지도하는 방법이다. 즉, 예를 들어 다음과 같이 계산한다.

$$\frac{2}{3}\div\frac{3}{4}=\frac{8}{12}\div\frac{9}{12}=\frac{8}{9}$$

② 일종의 교차 곱셈과 같은 방법이다. 즉 $\frac{2}{3}\div\frac{3}{4}$을 계산할 때, 다음과 같이 피제수의 분자와 제수의 분모를 곱해서 분자로 삼고, 피제수의 분모와 제수의 분자를 곱해서 분모로 삼는 것이다.

$$\frac{2}{3}\times\frac{3}{4}=\frac{8}{9}$$

과 같이 계산하는 것이다.

구장산술이나 산반서, 산술집성을 보면, 최대공약수를 구하는 방법이나 분수의 나눗셈 방법이 기원전 수백 년 전에도 있었다는 사실이 신기하면서 그 방법이 간단하지만은 않았다는 사실도 알 수 있다. 또 약분하는 방법, 분수를 더하거나 빼고 곱하고 나누는 방법이 설명되어 있기는 하지만 왜 그렇게 계산해야 하는지에 대한 설명은 없다. 당시 수학자들이 그 이유를 모르지는 않았을 것이다. 그리고 그러한 이유를 아마도 스승이 제자에게 직접 가르치면서 설명했을지도 모른다. 그것은 굉장히 값어치가 있는 중요한 지식이기 때문에 아무에게나 전해주지 않았기 때문은 아니었을까?

2-9

방정식은 어떻게 풀었을까?

2+□=5, $2x-5=3$과 같은 식을 **방정식**이라고 한다. 방정식은 중학교에서부터 본격적으로 배우게 되지만 초등학교에서도 간단한 형태의 방정식을 배운다. 대학에서는 미분방정식을 배우니 방정식은 수학에서 매우 중요한 것이라고 할 수 있다. 1859년에 **이선란**과 영국에서 온 선교사 **위열아력**이 equation을 방정식이라고 변역하면서 이 용어가 사용되기 시작하였지만, 방정(方程)이라는 말은 2천여 년 전인 중국 한나라 때의 수학책인 **구장산술**에 이미 등장하고 있으니, 동양에서든 서양에서든 방정식의 역사는 수학의 역사만큼이나 오래 되었다고 할 수 있을 것이다. 그러므로 방정식의 풀이 방법이 어떻게 발달해 왔는지를 알아보는 것도 의미 있을 것이다.

기원전 1650년경의 이집트 **린드 파피루스**에는 11개의 일차 방정식 문제가 등장한다. '어떤 수에 그 수의 $\frac{1}{7}$을 더하면 24가 된다.'는 문제도 그 중의 하나이다. 이 문제는 $x+\frac{1}{7}x=24$와 같은 일차방정식이 되는데, 이러한 방정식의 풀이는 지금의 풀이 방법과 다르다. **아메스**는 이 문제를 풀기 위해서 우선 계산하기 쉽도록 $x=7$이라고 가정하였다. 그러면 $x+\frac{1}{7}x=8$이 된다. 24는 8의 3배이므로, 어떤 수는 임시로 생각했던 7의 3배, 즉 21이 되어야 한다. 이런 문제해결 방법은 고대 이집트에서뿐만 아니라 그 후 유럽에서도 꽤 사용되었던 방법이다.

그리스의 수학자 **디오판투스**는 240년에서 330년경까지 살았는데, 그의 비석에는 다음과 같은 글이 쓰여 있다.

이 비석의 글은 훌륭한 **일차방정식** 문제가 된다. 디오판투스가 몇 살까지 살았는지를 여러분이 방정식을 세워서 알아보아라.

중학교 3학년에서 배우는 이차방정식은 이미 고대 바빌로니아에서도 등장한다. “어떤 정사각형의 넓이에서 그 정사각형의 한 변의 길이를 빼면 870이다. 이 정사각형의 한 변의 길이를 구하여라.”와 같이 정사각형의 넓이와 변의 길이를 이용하여 이차방정식 문제를 제시한다. 넓이에서 길이를 뺄 수는 없지만 그 당시에는 이런 방법으로 이차방정식 문제를 표현하였다. 그런데 그 당시의 풀이 방법을 보면 현재 중학교에서 배우는 이차방정식의 **근의 공식**을 이용하여 해결하는 것과 거의 비슷함을 알 수 있다.

디오판투스는 도형을 이용하지 않고 기호를 사용하여 이차방정식을 푸는 방법을 제시하였다. 그런데 이차방정식은 두 개의 답을 가진다. 그러나 디오판투스 시대에는 그런 사실을 모르거나 혹은 인정할 수 없었다. 넓이와 길이로 표현하였기 때문에 넓이나 길이가 음수가 될 수는 없기 때문이다. 디오판투스 역시 **양수**인 답이 두 개 나오면 큰 것만을 답으로 인정했고 또 **음수**이거나 **무리수**인 답은 인정하지도 않았다. 또한 그는 지금과 같이 일반적인 이차방정식의 풀이 방법을 제시하지는 못하였다.

인도인들은 음수나 무리수도 이차방정식의 답으로 인정하였으며, 이차방정식은 두 개의 근을 가진다는 사실도 알고 있었다. 인도인들은 방정식을 풀 때 ‘거꾸로 생각하기’ 방법을 사용하곤 하였다. 아라비아의 **알콰리즈미**는 **이항**과 **동류항** 정리 방법을 이용하여 이차방정식을 풀었는데, 이것은 인도의 영향을 받은 것이 아니라 알콰리즈미의 독창적인 생각인 것 같다.

3차방정식의 풀이법의 발달에는 불쌍한 수학자 **타르탈리아**(1499?-1557)와 사기꾼 수학자 **카르다노**(1501-1576)가 관련되어 있다. 그리스 시대에 이미 **아르키메데스**가 3차방정식의 풀이법에 대해서 연구한 적이 있으며, 1515년경에 **페로**라는 수학자가 특별한 3차방정식의 풀이법을 발견하였다. 그런데 타르탈리아가 3차방정식의 풀이법을 발견하였다고 주장하였으며, 타르탈리아와 페로의 제자인 **피어**가 공개 시합을 가졌다. 시합 결과 타르탈리아가 완전한 승리를 거두어 그의 명성이 자자하게 되었다.

1500년경 이탈리아에서 태어난 타르탈리아는 원래 이름이 **폰타나**(Nicolo Fontana)이다. 그가 6세쯤 되었을 때 그가 살던 브레시아라는 마을에 프랑스군이 침입하였다. 그 때 그는 아버지의 품에 안겨 구사일생으로 생명을 건졌으나 머리가 깨지고 턱이 갈라지는 불행을 겪었고 그 상처로 말을 더듬게 되었다. 타르탈리아라는 이름은 '말 더듬이'라는 그의 별명이다. 그의 어머니는 아들을 보름 동안 학교에 보냈는데 타르탈리아는 그 때 습자본 하나를 훔쳐 그것을 가지고 읽고 쓰는 법을 독학으로 공부했다고 한다. 종이를 살 돈이 없어서 공동묘지의 묘비에 돌멩이로 글을 쓰면서 공부하였다고 하니, 타르탈리아에 비하면 우리는 얼마나 행복하게 공부하고 있는가? 그런 피나는 노력 끝에 30세가 되기도 전에 베니스의 수학 교수가 되었으니, 우리가 본받을 만한 인물이라 하겠다.

타르탈리아가 유명해지자 카르다노는 타르탈리아에게 와서 3차 방정식을 푸는 방법을 알려달라고 간청하였다. 타르탈리아는 카르다노의 간청에 못 이겨 '비밀을 지키겠다'는 맹세를 받고 3차방정식을 푸는 중요한 방법을 알려주었다. 그러나 카르다노는 1545년에 **위대한 술법**이라는 책을 출간하면서 타르탈리아의 3차방정식의 풀이법을 자신의 것인 양 발표해 버렸다. 화가 난 타르탈리아가 항의했지만 소용없었고, 그래서 타르탈리아는 4차방정식의 풀이법을 발견한 카르다노의 제자인 **페라리**와 논쟁했으나 패하고 말았다. 그 후 타르탈리아는 시름시름 앓다가 1557년경에 세상을 떠났다.

카르다노는 1501년에 파비아(Pavia)에서 변호사의 아들로 태어나 의사의 직업을 갖고 수학을 연구하고, 수학을 이용하여 주사위 도박에서 많은 돈을 벌기도 하였다. 그는 또 뛰어난 점성가이기도 하였는데, 1576년 자살하게 된다. 전해오는 이야기에 따르면 그는 별점으로 자신의 죽음을 예언하였는데 죽음의 날에 죽지 않게 되자 자살했다고 한다. 이러한 이야기가 모두 사실인지 아닌지는 알 수 없으나 그가 뛰어나고 다재다능했던 것만은 분명하며, **확률** 등 수학의 발달에 기여한 바도 크다.

그 후 5차 이상의 방정식의 풀이 방법에 대한 연구가 계속되었으며, **아벨**과 **갈루아** 같은 불운한 천재 수학자들이 그러한 발전에 기여하게 된다. 그러므로 방정식은 오랜 세월 동안 수많은 수학자들의 노력에 의해 발전해 온 것이며, 많은 수학자들의 기쁨과 불행과 어려움이 녹아 있는 내용이라 할 수 있다.

3

도형과 측정

3-1 황금분할 이야기

만년필을 만들 때 두껑의 길이를 얼마로 하면 좋을까? 혹은 사진을 찍을 때 인물을 어디에 두면 배경이 아름답게 조화를 이룰까? 왜 팔등신을 아름답다고 할까? 여기에는 모두 5:8 또는 1:1.618 이라는 **황금비**가 숨어 있다. 그러면 황금비란 무엇이며 언제부터 황금비가 나타났을까?

고대 그리스 수학자인 **유클리드**가 쓴 **원론**이라는 책에는 선분 AB를 다음과 같이 분할하는 내용이 나온다. 여기서 전체와 큰 부분에 대한 비와 큰 부분과 작은 부분에 대한 비가 같은, 즉

AB : AC = AC : BC

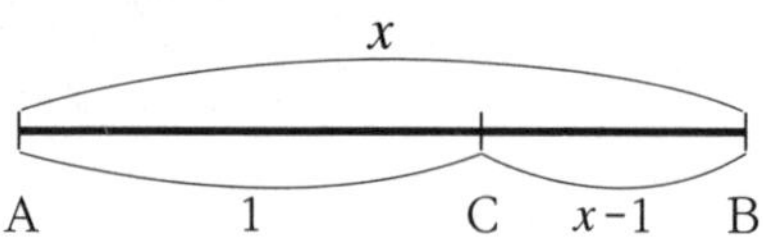

가 되는 분할을 설명하고 있다. 이렇게 나누어지게 되면 $x=\frac{1+\sqrt{5}}{2}$ 가 되는데, 이 값은 대략 1.618이 된다. 이와 같은 분할을 **황금분**

할이라고 한다.

황금분할에 대한 내용은 기원전 370년경의 그리스 수학자 **에우독소스**와 기원전 300년경의 **유클리드**의 책에서 언급되고 있다. 그러다가 1500년경 **파촐리**가 **신성한 비례**라는 책에서 이 내용을 다루었다. 파촐리는 3:5라는 이 비를 신이 내린 신성한 것으로 생각했던 것 같다. 그러나 이때까지는 황금분할이라는 이름은 사용되지 않았으며, 나중에 **레오나르드 다 빈치**가 처음 사용하였다고 하지만 분명하지는 않다.

그런데 이러한 황금분할의 비율로 이루어지는 구도가 가장 안정적이고 편하게 느껴진다고 한다. 그래서 사진을 찍을 때 인물을 8:5가 되는 곳에 위치시키는 것이 가장 배경과 아름답게 조화를 이룬다고 한다. 또 인체에서 머리 크기를 1이라고 할 때 배꼽을 기준으로 하여 상체가 3, 하체가 5가 되는 경우에 8등신 미인이라고 하는데 이러한 비율 역시 황금비율과 관계가 있다. 부모님이 가지고 있는 신용카드의 가로와 세로의 길이를 재어보아라. 그 길이도 대략 8:5가 됨을 알 수 있다.

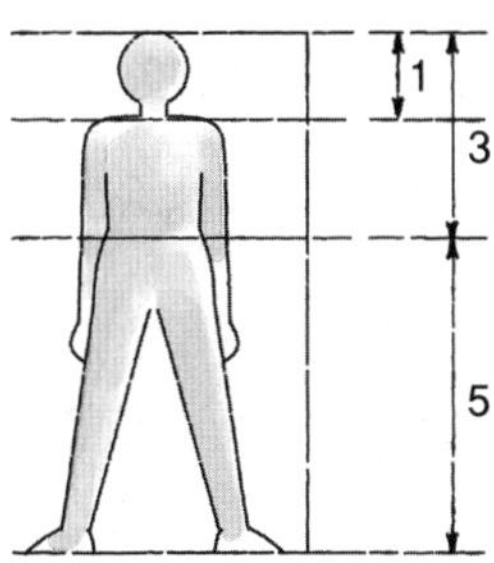

황금분할이 적용된 가장 오래된 것으로는 기원전 4700년경의 **피라미드**이다. 피라미드의 크기와 높이가 아무렇게나 만들어진 것이 아니라 밑변의 길이와 높이의 비가 황금비를 이루도록 만들어졌다고 한다. 신라시대에 만들어진 **금동반가사유상**에도 황금분할이 숨겨져 있으며, 피타고라스의 제자들이 달고 다니던 정오각형 표시에도 왼쪽 그림처럼 황금분할이 숨어 있다.

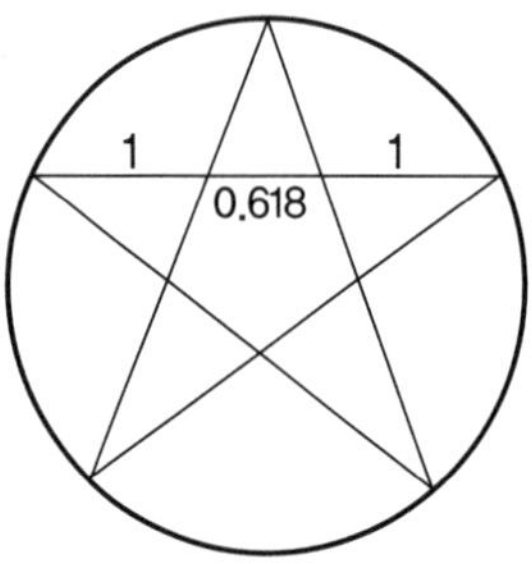

계란의 가로와 세로의 길이도 황금비이며 조개껍질의 여러 줄 사이의 비율에서도 황금비가 있다. 그렇기 때문에 **파촐리**가 황금비를 '신이 내려준 것'이라고 생각하였으며, 20세기 어느 철학자도 "우주의 모든 것은 생명이 있고, 그것들은 끝없이 생장, 팽창하며 그 기준과 규칙은 황금비율이다."라고 말하였던 것이다.

이와 같이, 아름다움의 밑바탕에는 수학적 규칙이 숨어 있으며, 생명 현상이나 사회의 여러 가지 현상도 수학적 법칙으로 설명할 수 있음을 알 수 있다. 아직도 우리가 알지 못하고 설명하지 못하는 여러 사건과 현상들이 있다. 이것을 표현하고 설명할 수 있는 수학적 규칙을 찾아내는 일은 여러분들의 몫으로 남아 있음을 잊지 말기를 바란다.

마지막으로, 좀더 정확한 황금비 $x=\frac{1+\sqrt{5}}{2}$를 작도하는 방법을 설명한다. 이 방법과 $\sqrt{5}$의 값은 중학교 3학년에서 **피타고라스**

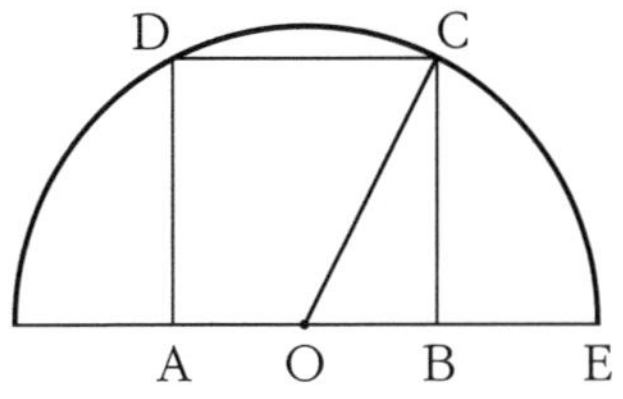

〈황금비 작도〉

의 정리를 배워야 제대로 이해할 수 있을 것이다.

선분 AB가 있을 때 선분 AB를 한 변으로 하는 정사각형 ABCD를 그린다. AB의 중점 O에서 OC를 반지름으로 하는 원을 그리고 AB의 B쪽으로의 연장선과 만나는 점을 E라고 하면, 선분 AB를 1이라고 할 때 선분 AE의 길이가 $x=\frac{1+\sqrt{5}}{2}$가 된다.

3-2 작도할 수 없는 세 가지 문제

초등학교에서는 도형을 그릴 때 눈금 있는 자와 컴퍼스, 각도기를 이용한다. 그러나 중학교에서부터는 눈금 없는 자와 컴퍼스만을 이용하여 도형을 **작도**한다. 눈금 없는 자는 직선을 긋는 데, 컴퍼스는 원을 그리는 데 사용된다.

이 간단한 두 개의 도구를 가지고 두 선분의 길이를 더하거나 빼거나 곱하거나 나누는 일이 가능해진다. 그리고 아주 많은 도형을 그릴 수 있다. 그런데 고대 그리스 시대에 이 두 개의 도구를 가지고 쉽게 그려지지 않는 작도 문제가 나타나게 되는데, 그 세 문제는 다음과 같다.

⑴ 임의의 각을 3등분하는 문제

⑵ 주어진 정육면체의 2배의 부피를 가지는 정육면체를 작도하는 문제

⑶ 주어진 원과 넓이가 같은 정사각형을 작도하는 문제

아마 수학 문제 중에서 이 세 문제만큼 오랫동안 많은 사람들이 끈기 있게 탐구한 문제는 없을 것이다. 무엇보다도 이 문제는 수학에 대한 재능이 있든 없든 조그만 노력하면 어렵지 않게 해결될 것 같은 모습을 가지고 있기 때문이다. 그래서 고대 그리스 수학자들, 아라비아의 수학자들, 르네상스 시대의 수학자들이나 미술가 등을 포함하여 많은 사람들이 이 문제를 탐구하였다. 지금은 이 문제 모두 작도가 불가능한 문제로 증명되었다. 그럼에도 불구하고 아직도 이 문제를 해결할 수 있다고 믿고 이 문제에 매달리는 사람들이 우리나라에도 있다.

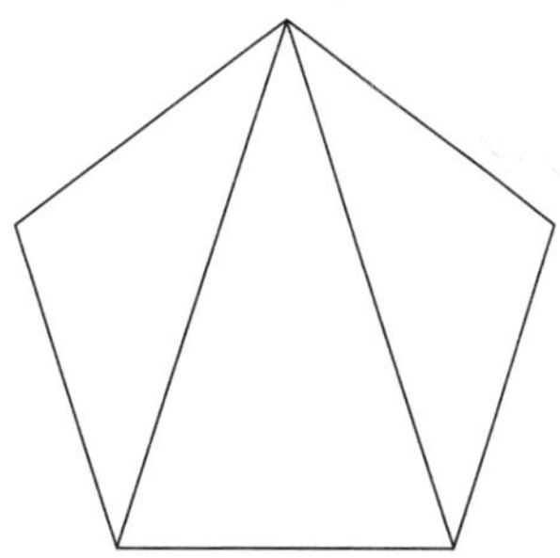

먼저, 첫 번째 문제에 대해서 살펴보자. 우리는 자와 컴퍼스를 사용하여 모든 각을 이등분할 수 있고, 90°를 3등분하는 일도 쉽다. 108°도 3등분할 수 있는데, 정오각형을 작도하면 그 한 내각의 크기가 108°가 된다. 정오각형에서 그림과 같이 대각선을 그으면 108°가 3등분된 36°가 그려지게 된다. 이와 같이 몇몇 각은 3등분할 수 있다. 그러므로 어떤 각이든 3등분할 수 있을 것이라는 생각을 할 수 있다. 그러나 실제로는 그리 쉬운 문제가 아니었다. 이 문제를 최초로 연구한 사람은 기원전 460년경의 **히피아스**이다. 그는 결국 눈금 없는 자와 컴퍼스만으로는 이 문제를 해결할 수 없었고, 대신 원이 아닌 다른 곡선을 이용하여 각을 3등분하였다. 오랜 세월이 지나서 1837년에 프랑스의 **완첼**(Wantzel)이 60°를 3등분할 수 없다는 것을 증명함으로써 **모든 각**을 3등분할 수는 없다는 것을 보였고, 그래서 이 문제는 불가능한 문제로 결론지어졌다.

두 번째 문제에 대해서 살펴보자. 주어진 정사각형의 넓이의 두 배가 되는 정사각형의 작도는 피타고라스의 정리를 이용하거나 그런 고차적인 수학적 생각을 하지 않더라도 정사각형의 대각선을 이용하여 쉽게 해결할 수 있다. 그러나 정육면체를 작도하는 문제라면 사정이 달라진다. 이 문제를 해결하기 위해서 많은 사람들이 노력하였으나 해결하지 못하였다. 기원전 430년경의 **히포크라테스**는 **포물선**을 이용하여 이 문제를 해결하였다. 그러나 첫 번째 문제와 마찬가지로 이 문제 역시 완첼이 눈금 없는 자와 컴퍼스만으로는 작도할 수 없다는 것을 증명하였다.

그런데 이 문제에 대해서는 재미있는 이야기가 전해진다. 기원전 5세기경 그리스 델로스 섬에 전염병이 나돌았을 때 정육면체로 된 제단을 부피가 두 배가 되도록 넓히라는 신탁을 받게 된 목공이 아주 쉽게 생각해서 각 변을 두 배가 되도록 하여 정육면체의 제단을 만들었다는 이야기가 바로 그것이다. 이렇게 만들면 제단은 8배의 부피가 되기 때문에 신이 노하여 전염병이 더욱 창궐했다고 한다. 또 다른 이야기로는, **미노스** 왕이 왕자를 위하여 무덤을 만들 때 건축자가 만든 무덤이 마음에 들지 않아서 화를 내며 "그 두 배야. 단 정육면체라야 해."라고 한 데서 시작되었다고도 한다.

주어진 원과 같은 넓이를 가지는 정사각형을 작도하는 세 번째 문제를 보자. 이집트의 **아메스**가 원의 넓이는 그 원의 지름의 $\frac{8}{9}$이 되는 변을 가지는 정사각형의 넓이와 같다고 했던 것으로 미루어봐서 이 문제가 오랜 역사를 가지고 있음을 짐작할 수 있다. 기원전 430년경 **안티폰**은 이 문제를 해결하기 위해 원의 안과 밖에 정다각형을 그려 나가는 방법을 사용하였다. 이런 노력의 결과로 훗날 **아르키메데스**가 원주율을 구할 수 있었던 것으로 생각된다. 그러나 이 문제도 1882년 **린데만**(Lindemann)에 의해서 불가능한 것으로 밝혀졌다.

결국 2000년 이상 수많은 수학자들이 이 문제를 해결하려고 하였으나 이 문제는 애초부터 불가능한 문제였던 것이다. 그렇다면 이들 수학자들의 노력은 의미가 없는 것일까? 그렇지 않다. 이 문제를 해결하려고 노력하면서 그들은 많은 새로운 수학을 창조하는 데 커다란 기여를 하였으며 작도법이 발달하게 되었고 제도 기구 등을 만들어내었다. 인류의 역사를 살펴보면 이와 같이 목적하던 것을 이루지 못하고 그 대신 다른 것을 얻게 된 경우가 많이 있다. 실패하였지만 인류는 그들의 노력 덕분에 다른 것으로 충분한 보상을 받은 것이다.

그런데 포물선이나 다른 도구를 사용하면 해결할 수 있었던 것을 왜 수학자들은 눈금 없는 자와 컴퍼스만 고집하여 고생했던 것일까? 그것은 수학자들의 호기심과 호승심 때문이기도 하겠지만, **플라톤**의 영향이 크다고 할 수 있다. 플라톤은 "눈금 없는 자와 컴퍼스 이외의 다른 작도법은 기하학의 장점과 완전성을 파괴하고 해치는 것이다. 그것은 기하학을 영원한 사상의 상아탑으로 높이 완성시키는 것이 아니라 천하고 세속적인 감각의 세계로 타락시키는 것이다."라고 주장하였으며, 그의 생각이 그 후 많은 수학자들에게 영향을 미쳤기 때문이다.

이 세 가지 문제는 초등학생도 해결할 수 있을 것 같은 느낌을 준다. 그래서 불가능하다고 밝혀진 지금도 많은 사람들이 해결할 수 있다고 생각하며 이 문제에 빠져들곤 한다. 심지어 어떤 사람은 이러한 도형을 작도하였다고 주장하기도 한다. 여러분이 이 문제에 관심을 가지는 것은 좋지만 그러나 아직도 해결되지 않은 수학 문제가 많이 있다. 2000년 5월 **클레이 수학연구소**가 일곱 개의 미해결 수학 문제를 제시하고 한 문제당 100만 달러의 현상금을 내건 바 있는데, 이미 불가능한 것으로 밝혀진 문제보다 이런 문제에 빠져보는 것은 어떨까? 오래 전에 유행했던 TV 드라마 **눈의 여왕**에서 주인공 득구가 미해결 수학문제를 해결했던 것처럼…….

3-3

원주율 파이 이야기

2월 14일은 발렌타인 데이이고 3월 14일은 화이트 데이이다. 그런데 3월 14일은 **파이 데이**이기도 하다. 이 파이는 초코파이와 같이 먹는 것을 말하는 것이 아니라 **원주율** 파이를 말하는 것이다. 원주율은 원의 둘레를 지름으로 나눈 값으로 약 3.14159이기 때문에 과학자들은 3월 14일 오후 1시 59분에 파이 데이 행사를 가지곤 한다. 이제 수학자들이 이 원주율 값을 어떻게 구했는지를 알아보자.

고대 바빌로니아 사람들이나 히브리 사람들은 원주율을 3으로 계산하였다. 구약성경 **열왕기상** 7장에는 **솔로몬**이 궁을 지으면서 지름이 10규빗이고 둘레가 30규빗이라는 내용이 나온다. 당시 사람들이 원주율이 3이라는 사실을 어떻게 알아내었는지는 모르지만 당시의 수학자들이 이 정도는 그리 어렵지 않게 찾아낼 수 있었을 것이다. 그러나 지름만 나타내지 않고 둘레까지 표현한 것을 보면 일반적으로는 둘레를 구하는 방법이 쉽지만은 않았던 것 같다.

고대 이집트에서는 어떻게 원주율을 구했는지 알 수 없지만, 원과 넓이가 같은 정사각형을 찾으려고 노력하였고, 그런 노력의 일환으로 이집트의 유명한 수학자 **아메스**(기원전 1650년경)가 원의 넓이는 지름의 $\frac{8}{9}$을 한 변으로 하는 정사각형의 넓이와 비슷하다는 사실을 알아내었다. 이 방법에 따르면 원주율은 약 3.16049가 된다. 이것은 지금 수준에서도 놀랄 만큼 정확하다고 할 수 있다. 자와 컴퍼스만으로 원과 넓이가 같은 정사각형을 작도하는 문제가 그리스에서 세 가지 어려운 문제로 알려진 것 중의 하나인 것을 보면 당시 이집트나 그리스에서는 원의 넓이를 구하는 일이 아주 중요하고 관심을 끄는 문제였던 것 같다.

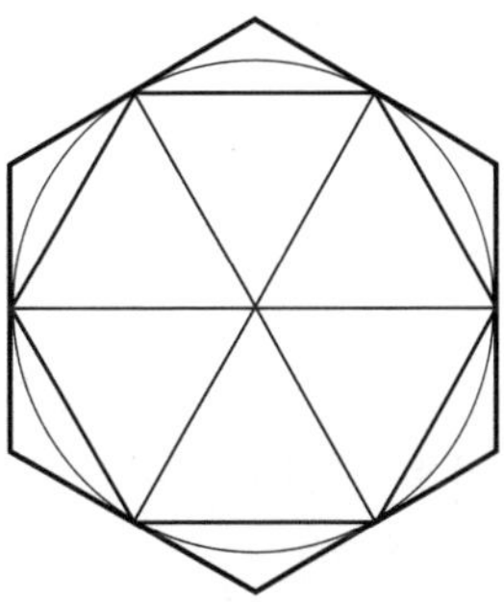

아르키메데스의 방법

고대 그리스에서는 안티폰과 브리슨이 오른쪽 그림과 같이 원의 밖과 안에서 접하는 다각형을 그리고 그 다각형의 넓이를 구해 원의 넓이가 두 다각형의 넓이 사이에 있다고 설명하였다. 목욕을 하다가 "유레카!"라고 외치며 벌거벗은 몸으로 거리를 달린 **아르키메데스**(기원전 240년경)는 이 두 사람의 방법과 같은 방법을 사용하였지만, 원의 넓이를 구하는 대신 둘레의 길이에 초점을 맞춰 원둘레의 **근삿값**을 구하였다. 즉 원의 안과 바깥에 정육각형을 그리고, 변을 두 배로 계속 늘여서 정96각형을 만들어 그 둘레를 구하였다. 그래서 원주율이 $3\frac{10}{71}$보다 크고 $3\frac{1}{7}$보다 작다는 사실을 찾아냈다. 이 결과는 우리가 원주율로 지금 사용하고 있는 3.14에 해당된다. 로마인들도 $3\frac{1}{7}$이 원주율에 가깝다는 사실을 알고 있었으나, 계산이 편리하다는 이유로 $3\frac{1}{8}$을 더 자주 사용하였다고 한다.

프톨레마이오스(서기 150년경)는 그가 직접 계산하였는지 아니면 다른 사람의 결과를 그대로 가지고 왔는지는 알 수 없지만 원주율로 약 3.14166을 제시하였다. 원주율이 아르키메데스 시대의 3.14에서 3.141로 소수점 이하 한 자리 수가 더 정확해지는 데 400년이 걸린 셈이다.

중국에서도 오래 전부터 원주율로 3 또는 $\sqrt{10}$(약 3.16) 등을 사용하였다. 그러다가 송나라에 와서 **조충지**(480년경)가 그의 아들과 함께 원주율을 계산하였는데, 그는 아르키메데스와 같은 방법으로 변이 24576개인 다각형을 이용하여 원주율을 $\frac{355}{113}$ (약 3.1415929)라고 추측하였다. 이것은 소수점 이하 여섯 자리가 정확한 것으로, 이후 천년이 넘도록 누구도 이보다 더 정확한 계산을 하지 못하였다. 그들은 또한 원주율로 $\frac{22}{7}$를 제시하기도 하였다.

인도에서도 기원전부터 원주율로 $\sqrt{10}$ (약 3.16)이나 $\frac{22}{7}$를 사용하였는데, 서기 530년경의 **브라마굽타**나 1150년경의 **바스카라** 등은 아르키메데스와 같은 방법으로 원주율을 구하였다.

아르키메데스의 방법이 최고조에 이른 것은 16세기 네덜란드

수학자 **루돌프 반 쿨렌**이다. 그는 일생을 다 바쳐서 원주율을 계산하였는데 그는 변의 수가 320억이 넘는 다각형을 이용하여 소수 이하 20자리까지 계산하였고 같은 방법으로 소수 이하 35자리까지 정확하게 계산해 내었다고 한다. 변의 수가 320억 개인 다각형이라니! 그의 끈기가 감탄스럽지 아니한가? 그가 죽었을 때 그의 묘비에 이 수를 써 넣었으며 지금도 독일에서는 원주율을 **루돌프 수**라고 부르고 있다고 한다.

17세기부터는 아르키메데스 방법보다 더 편리하게 원주율을 계산할 수 있는 방법을 찾으려고 노력하였다. 그 결과 원주율과 관련한 공식들을 찾아내게 되었고 이런 공식을 이용하여 수학적으로 계산하는 방법이 발전하였다. 그러한 공식들 중에 초창기의 공식이 **존 월리스**(1616 - 1703)의 다음 공식이다.

$$\frac{\pi}{2}=\frac{2\times2\times4\times4\times6\times6\times8\cdots}{1\times3\times3\times5\times5\times7\times7\cdots}$$

그 후 이보다 더 계산에 편리한 공식을 찾으려고 수학자들이 노력하였으며, 1699년 영국의 **샤프**(Sharp)는 소수점 이하 72자리까지 계산하였으며 1947년 **스미스**(Smith)와 **렌치**(Wrench)는 계산기를 이용하여 소수점 이하 808자리까지 계산하였다.

이제는 컴퓨터를 이용하여 원주율을 계산하게 되었다. 1949년에는 최초의 컴퓨터인 **에니악**을 70시간 가동하여 소수점 이하 2037자리까지 계산한 것을 시작으로 하여, 2005년에는 일본의 **가네다 야스마사**가 소수점 이하 1,241,100,000,000자리까지 계산하였으며, 지금도 더 많은 값을 구하려는 노력이 계속되고 있다.

이제 원주율을 구하는 문제는 그 값이 중요한 것이 아니라 인간의 호기심을 충족시키려는 마음과 컴퓨터의 성능을 테스트하려는 욕심에서 계속 탐구되고 있다고 보여진다. 이와 같이 원주율은 끝이 없는 **무한소수**이지만 우리는 간단하게 3.14로 계산하고 기호로는 π로 나타내고 '파이'라고 읽는다.

지금까지 우리는 원주와 원의 넓이 및 원주율에 대해서 살펴보았다. 분명히 오래 전부터 인류는 원의 크기가 커짐에 따라 원주와 원의 지름이 일정한 비율로 커지며, 원의 넓이도 일정한 법칙에 따라 커진다는 것을 알게 되었을 것이다. 그러나 원주와 원의 지름의 비인 원주율이 원의 넓이와 관계가 있다는 사실을 깨닫는 것은 또 다른 문제이며, 이 사실을 누가 처음으로 깨닫고 연구를 했는지 필자는 알지 못한다. 그러나 레오나르도 다빈치가 원의 넓이를 구할 때 사용한 방법을 보면 다빈치가 이 문제를 생각하고 있었던 것 같다.

초등학교 교과서에서 배우는, 원주를 이용하여 원의 넓이를 구하는 공식을 이끌어내는 방법은 **케플러**(1571-1630)가 생각해 냈다. 케플러는 원을 무수히 작은 부채꼴로 쪼개어 모아서 무수히 많은 이등변삼각형으로 생각하여 그 넓이를 구한 것이다. 이 방법을 아메스나 그리스 초기의 수학자들이 원의 넓이를 구하던 방법과 비교해 보라. 그들의 방법은 원주나 원주율과 무관한 것이었다.

원의 둘레를 구하기 위해 생각한, 원의 둘레를 지름으로 나눈, 지극히 단순해 보였던 이 값이 4000년 이상 동안 우리 인간을 괴롭히고 수학자들의 마음을 사로잡았다는 사실은 신기하지만, 네

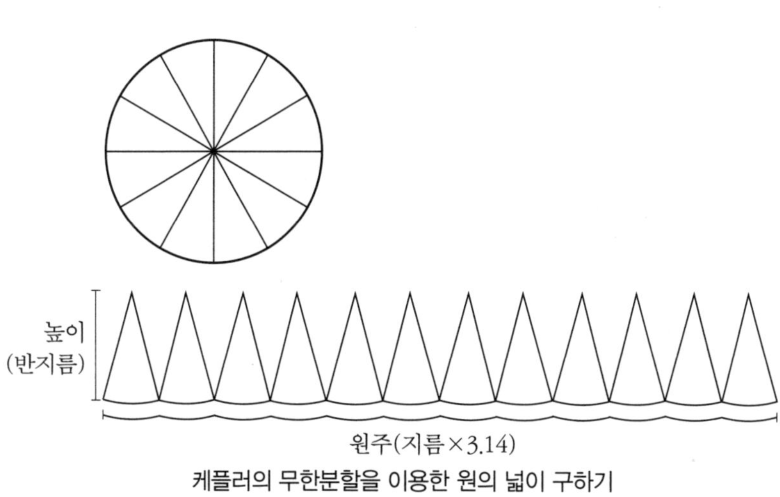

케플러의 무한분할을 이용한 원의 넓이 구하기

덜란드의 수학자 루돌프가 파이의 값을 구하는 데 일생을 바친 것을 우리는 대단하다고 해야 할 것인지 무의미하다고 해야 할 것인지 판단할 수 없다. 그러나 누군가 이렇게 수학에 미치는 사람이 있어야 할 것이고 그런 사람들 덕분에 수학이 발전하고 인류 문명이 발달하게 되는 것만은 분명할 것이다.

원주율 파이에는 여기서 말한 것 이상으로 많은 신비가 숨어 있으며, 상상하기 힘들 정도로 많은 곳에서 응용된다. 그러나 그런 내용을 살펴보려면 약간의 전문적인 수학적 이해가 필요하기 때문에 여기서는 다루지 않으려고 한다. 관심 있는 독자는 파이(π)와 관련된 책이나 인터넷 사이트를 검색해 보기 바란다.

3-4 미터는 왜 만들었을까?

우리나라에서는 오래 전부터 고기를 살 때는 **근**, 금을 살 때는 **돈**이라는 무게단위를 쓰고, 아파트나 땅의 넓이는 **평**이라는 단위를 사용했다. 그러다가 2007년 7월부터 정부가 국제단위를 사용하도록 의무화시켰고 이를 어길 경우 벌금형에 처하기로 하였다. 그래서 요즘은 고기 100g에 얼마, 아파트 3.3m^2가 얼마 하는 식으로, 전세계적으로 통일된 m, m^2, kg, m^3와 같은 **국제단위**를 사용한다. 이러한 단위가 어떻게 만들어졌는지 알아보자.

인간이 혼자 살 때는 이러한 단위는 필요하지 않을 것이다. 어느 것이 더 긴지, 더 무거운지와 같이 **비교**만 할 수 있으면 충분했을 것이다. 그러나 시간이 지나면서 자신의 **뼘**이나 **팔**의 길이, **발바닥**의 크기 등으로 길이를 재고, 넓이도 재고, 무게도 재고, 부피도 재기 시작하였다. 다른 사람과 교류를 시작하면서도 정확한 측정보다 대강의 측정으로 만족할 때는 손과 발의 크기가 서로 달라도 별다른 문제가 생기지 않았을 것이다.

여름에 큰 비가 올 때 한강 수위가 몇 m라는 등의 방송이 나오듯, **람세스**라는 소설을 보면 고대 이집트에서도 나일강의 수위를 팔의 길이를 이용하여 측정하였다. 길이를 나타낼 때는 이와 같이 신체의 일부분을 단위로 사용하였다. 그러다가 시간이 지나면서 **보리**나 **밀**의 길이나 폭을 단위로 사용하였다. 무게도 밀과 보리를 이용하여 나타내었다. 예를 들어, 영국에서는 1266년에 밀 32개의 무게를 1**페니**로 정하고, 1324년에는 '둥글고 마른 보리의 낱알 3개'의 길이를 1**인치**로 정하였다. 그러나 이렇게 단위를 정하면 정확하지 않아서 혼란이 초래되므로 그 후에도 여러 차례 법률로 단위를 다시 정하곤 하였다.

중국의 진시황도 중국을 통일한 후 제일 먼저 착수한 것은 **도량형** 제도를 정비하는 것이었다. 우리가 길이를 잴 때 사용하는 1**자**는 조선시대에 그 길이가 각각 달랐다. 시장에서 사용할 때는 대략 20cm, 관가에서 사용할 때는 30cm, 옷을 잴 때는 33cm이었으며 상인들은 이보다 약간 짧은 자를 사용하여 부당 이득을 챙겼다고 한다.

이와 같이 들쑥날쑥한 단위로 많은 혼란을 겪게 되면서 단위를 통일하려는 노력이 동서고금 할 것 없이 있었다. 그 중에서 가장 혁명적인 노력이 **미터법**의 제정이다. 미터법은 1790년 프랑스의 **탈레랑**이 "미래에도 영원히 바뀌지 않을 것을 기초로 해서 새로운 단위를 만들자"고 제안한 것이 그 출발이다. 프랑스 과학아카데미는 '어떠한 국민도 자기들이 마음대로 선정한 도량형을 다른 국민에게 강요할 권리는 없다'는 인식 하에 모든 지구인이 함께 할 수 있는 지구의 **자오선**을 측정하기로 하였다. 그들은 프랑스의 수도 파리를 경유하는 자오선의 적도와 북극 사이의 길이를 측정하고 그것을 천만 등분한 하나를 1**미터**(m)로 정하였으며, 프랑스는 1799년에 이 미터법을 정식으로 채택하였다. 그 후 **나폴레옹**은 자신이 정복한 유럽의 모든 나라에 미터법을 사용할 것을 강요하였다.

미터법이 쉽고 우수하다는 점이 인정되어 1875년에는 17개국이 모여서 국제적인 미터협약이 체결되었다. 1889년에 제1회 **국제 도량형총회**에서 백금과 이리듐의 합금으로 **미터원기**를 만들고 이를 토대로 하여 미터법이 확립되었다. 그러나 미터원기도 초고온이나 초저온에서는 변형될 수가 있어서 크립톤 원자가 방사하는 **스펙트럼 파장**을 이용하여 1m를 정하게 되었고, 1983년 제17차 국제 도량형총회에서는 1m를 '빛이 진공 중에서 2억9천9백79만2천4백58분의 1초 동안 진행한 거리'로 정의하였다. 기존의 1m의 길이를 그대로 유지하기 위해서 이런 복잡한 수치가 필요하게 되었다. 그러나 1m를 간단하게 '3억분의 1초' 동안 진행한 거리로 새롭게 약속하면 수치적으로는 간단해지겠지만, 또 다른 혼란을 초래할 것이다.

지금까지의 어떠한 도량형과는 달리 미터법은 그 기본 단위를 세계 어느 곳에서도 인정할 수 있는 지구 둘레를 이용하고 있으며 **십진법**을 채택하고 있다는 점이 큰 장점이다. 그러나 미국은 최근까지도 미터법을 사용하지 않고 있다. 그런데 1999년 NASA의 무인화성탐사선이 화성에 도착한 직후 폭발해 버렸는데, 그 원인은 다름 아닌 단위에 대한 착각 때문이었다. 즉 탐사선을 제작한 회사는 **야드** 단위(1야드는 0.914m)를 사용하였는데 탐사선 조종팀은 이것을 미터법으로 착각하여 탐사선을 훨씬 낮은 궤도에 진입시켰다가 대기와의 마찰열로 폭발한 것이다. 그 후 미국에서도 미터법을 사용하기로 하였다니 너무 비싼 수업료를 지불한 셈이다.

우리나라에서도 2007년 7월부터 미터법 단위만을 사용하도록 한 이후 미터법이 잘 정착되어가고 있다. 대형 마트에 가면 옛날

에는 돼지고기 한 근에 얼마라고 하던 것을 이제는 돼지고기 100g에 얼마라고 표시되어 있다. 물론 아직도 넓이에 대해서는 잘 정착되지 않은 것 같다. 한 평에 300만 원이라고 하던 것을 지금은 3.3m^2가 300만 원이라고 하는데, 이것은 미터법을 제대로 사용하는 것은 아니기 때문이다.

우리가 학교에서 가장 기본적인 내용으로 배우고 대수롭지 않아 보이는 이런 단위에도 인간을 생각하는 마음과 정밀성을 추구하려는 인류의 노력과 역사가 숨어 있다. 그러므로 우리는 수학 공부를 하면서 계산을 잘 하려는 것 이상으로 그 이면에 숨어 있는 인류의 노력과 역사를 느껴보려고 해야 할 것이다.

3-5 유클리드 기하학

초등학교에서 배우는 도형은 기하학의 내용이다. **기하학**(幾何學, geometry)은 원래 땅(geo)을 측정한다(metrein)는 말에서 나왔다. **서광계**(1368-1644)라는 명나라의 학자가 **마테오 리치**와 함께 유클리드의 **원론**을 번역하면서 geometry의 지오(geo)와 발음이 비슷한 지허(幾何)라는 말로 번역한 데서 기하학이라는 단어가 나타난 것이다. 그런데 幾는 '몇'이라는 뜻이고 何는 '어찌'란 뜻이어서 **기하**는 뜻 그대로 말하면 **몇 어찌**라는 뜻이 된다. 기하라는 말은 우리가 배우는 내용과는 아무런 관련이 없는, 단순히 geo와 발음이 비슷한 단어일 뿐이다. 이와 관련하여 국어학계에 큰 업적을 남긴 양주동(1903-1977) 선생이 쓴 **몇 어찌**라는 수필이 있다. 삼일운동 이듬해 중학교에 입학한 양주동은 첫 기하 시간에 선생님에게 "선생님, 대체 기하가 무슨 뜻입니까? 몇 어찌라뇨?"라고 질문한다. 그리고 '맞꼭지각의 크기가 같다'는 것을 증명하는 것을 보고 감격해 하면서 나라를 잃은 슬픔과 나라를 찾으려는 다짐으로 그 밤을 하얗게 새웠다고 하였다.

우리가 배우는 기하학은 유클리드 기하학이다. 유클리드 기하학은 무엇이고, 어떻게 발달했는지 알아보자.

인간이 언제부터 도형에 대한 문제를 다루기 시작하였는지는 알지 못한다. 그러나 오랜 시행착오 끝에 도형과 그 성질들을 경험적으로 알게 되었다. 이집트 왕 **세소스트리스**(Sesostris)는 모든 이집트 사람들에게 사각형의 땅을 똑같은 크기로 나눠주고 그 대신 해마다 그들에게 세금을 걷었다고 하며, 나일강에 홍수가 일어나면 왕은 관리를 시켜 유실된 땅을 측량하고 부과된 세금에서 일부를 감해주었다고 한다. 고대 이집트에서 만들어진 **파피루스**에는 여러 가지 기하 문제가 있다. 이 문제의 대부분은 땅 넓이와 곡물 창고의 부피를 계산하는데, 원의 넓이는 지름의 $\frac{8}{9}$을 한 변으로 하는 정사각형의 넓이와 같은 것으로, 원기둥의 부피는 밑면의 넓이와 높이의 곱으로 계산하였다. 이집트 측량사들은 세 변의 길이가 3, 4, 5인 삼각형은 직각삼각형이라는 사실도 알고 있었다. 이러한 기하학적인 지식들은 이집트뿐만 아니라 고대 중국이나 다른 문명에서도 알고 있었을 것이다.

그런데 이러한 고대의 기하학은 실용적인 이유에서 만들어졌기 때문에 이론적으로 발달하지는 못했으며, 이론적인 기하학은 그리스 시대에 본격적으로 발달하게 된다.

기하학을 그리스에 소개한 사람은 **탈레스**(Thales, 기원전 624-546)이다. 그는 기하학의 여러 지식들이 부정확한 이유가 그것이 시행착오에 의해서 만들어졌기 때문이라고 생각하고, 기하학의 정확한 지식을 위해서는 기하학적 명제들이 시행착오에 의해서가 아니라 논리적으로 진술되어야 한다고 주장했다. 탈레스는 여러 정리들을 엄밀하게 증명하였고, 또한 이들을 이용하여 여러 가지 실제적인 문제를 해결하기도 하였다. 예를 들면, 그는 삼각형의 **합동**에 관한 정리를 이용하여 바다 위에 떠있는 배의 위치를 측정했다. 탈레스는 이집트와 바빌로니아 수학으로부터 전해진 것 중에서 어느 것이 옳고 어느 것이 틀린 것인가를 잘 알았다. 그는 어느 것이 옳은가를 보이는 이 과정에서 말하자면 최초의 논리적 기하학을 전개한 것으로 볼 수 있다.

탈레스에 의해 그 동안 알려진 여러 수학적인 사실들이 정리되기 시작하였으며, 이러한 정리 작업은 **피타고라스**(Pythagoras, 기원전 580-500?), **히포크라테스**(히포크라테스의 선서로 유명한 그 히포크라테스가 아니다) 등에 의해 계속 되었다.

기원전 4세기경에는 기원전 387년경에 세워진 플라톤의 과학과 철학 아카데미가 번성하게 된다. **플라톤**은 **국가**라는 그의 책에서 '수학을 통해서만 진리가 이해될 수 있다.'고 하였다. **유클**

리드는 플라톤 학파의 제자이며, 우리에게 그 이름이 가장 잘 알려진 수학자 중의 한 사람이지만, 그의 생애에 대해서는 잘 알려지지 않았다. 유클리드는 기원전 330년경에 태어나서 275년에 죽었다고도 하고, 365년에 태어나서 330년과 320년 사이에 **기하학 원론**(Elements)을 썼다고도 한다.

기하학 원론은 모두 13권인데, 피타고라스 학파, 에우독소스, 테아이테투스 등의 업적을 모아 편집한 것이라 할 수 있다. 이 중 유클리드 자신의 독창적인 것은 10권에서 찾아볼 수 있는데, 피타고라스 정리의 증명만이 유일하게 유클리드의 업적이라고 한다. 그러나 그렇다고 해서 유클리드가 대단치 않은 인물이라고 할 수는 없다. 유클리드의 최고 업적은 몇 개의 간단한 **공리**와 **공준**을 뽑아낸 다음 그것들로부터 대단히 복잡하고 명백하지 않은 456개의 명제를 이끌어 냈다는 사실이다. 유클리드의 **원론**이 그토록 아름다운 작품이라는 한 가지 이유는 그렇게 많은 것들이 다음 다섯 개의 공준으로부터 추론되었다는 데 있다.

1. 임의의 서로 다른 두 점을 지나는 직선은 하나뿐이다.
2. 임의의 선분 AB는 주어진 선분 CD와 합동인 선분 BE에 의하여 연장될 수 있다.
3. 임의의 서로 다른 두 점이 있을 때 한 점이 중심이고 두 점 사이의 거리가 반지름인 원이 존재한다.
4. 모든 직각은 서로 합동이다.

5. 평면 위의 한 직선이 그 평면 위의 두 직선과 만날 때 같은 쪽의 내각의 합이 2 직각보다 작으면, 이 두 직선은 그 쪽에서 만난다.

이 다섯 개의 공준 중에서 마지막 공준은 유난히 길고 선뜻 이해되지 않는다. 그래서 많은 수학자들은 이 공준을 다른 4개의 공준으로부터 증명하려고 시도하였다. 그러나 의외로 이 문제가 쉬운 문제가 아니어서 19세기에 와서야 이 문제가 정리되면서 **비유클리드 기하학**이 탄생하게 된다.

유클리드와 관련된 유명한 일화를 하나 살펴보자. 기하학을 배우던 학생이 유클리드에게 "제가 이것을 배워서 무엇을 얻을 수 있겠습니까?" 하고 묻자, 유클리드는 하인을 불러 "저 사람에게 동전 한 잎을 주어라. 그는 자기가 배운 것으로부터 꼭 무엇을 얻어야만 하니까."라고 말했다. 학생이 생각했던 것처럼 수학은 정말 어디에도 쓸모가 없어 보인다. 그렇기는 하지만 수학은 우리 주변 어디에나 있고 아주 많은 곳에서 이용되고 있다. 우리가 컴퓨터를 사용하거나 은행 거래를 할 때 사용되는 암호에도 수학이 있고, 과학은 물론 경제, 언어, 정치, 심리학 등에서도 수학이 중요하다. 그러니 지금 당장 필요 없어 보이고 배우는 게 힘들다 하더라도 포기하지 말고 열심히 수학을 배우자. 언젠가는 힘들었던 수학이 여러분에게 커다란 보답을 해 줄 것이다.

3-6

비유클리드 기하학

초등학교에서 배우는 도형 내용 중에서 가장 중요한 것 중의 하나는 "삼각형의 세 내각의 크기의 합은 180°이다."라는 명제일 것이다. 이 명제는 기원전 624년경에 태어난 **탈레스**라는 수학자가 처음 증명하였지만 그 이전에도 많은 사람들이 알고 있던 사실이다. 그러나 삼각형의 세 내각의 크기의 합이 180°가 아닌 경우도 있다는 사실이 밝혀지게 되고, 그래서 **비유클리드 기하학**이 탄생하게 된다. 다시 말해서 삼각형의 세 내각의 크기의 합이 180°가 되는 기하학이 **유클리드 기하학**이고 180°보다 크거나 작게 되는 기하학이 비유클리드 기하학인 것이다. 그러면 비유클리드 기하학이 어떻게 만들어졌는지 알아보자.

기원전 300년경에 **유클리드**는 당시의 여러 수학자들의 업적을 정리해서 13권으로 된 **원론**이라는 기하학 책을 썼다. 그래서 이것을 유클리드 기하학이라고 부른다. 그런데 유클리드가 기하학 원론을 쓸 때 다섯 개의 공준에서 연역적 방법으로 456개의 명제를 이끌어내었다.

이 중에서 "평면 위의 한 직선이 그 평면 위의 두 직선과 만날 때 같은 쪽의 내각의 합이 2 직각보다 작으면, 이 두 직선은 그 쪽에서 만난다."는 마지막 공준이 수많은 수학자들을 흥분하게 만들고 또는 좌절하게 만들었다. 수학자들은 간단하지도 않고 명확해 보이지도 않은 이 다섯 번째 공준을 다른 4개의 공준으로부터 이끌어내려고(증명하려고) 노력하였다. 이 시도가 성공하면 다섯 번째 공준은 없어도 된다. 그러나 이러한 노력은 실패하였다. 다른 수학자들은 다섯 번째 공준을 간단하면서도 동치(서로 바꿀 수 있는 명제)인 다른 명제로 바꾸려고 시도하였다. 그 결과 18세기 말에 **플레이페어**(1749-1819)라는 수학자가 "직선 밖의 임의의 한 점을 지나고 그 직선에 평행한 직선은 하나뿐이다."라는 명제를 발견하였다. 물론 이 명제는 기원전 2세기에도 사용되었던 것이기도 하다. 이 명제와 유클리드의 다섯 번째 공준이 동치이기 때문에 유클리드의 다섯 번째 공준을 **평행선 공준**이라고 부르기도 한다.

수학자들은 유클리드의 다섯 번째 공준을 공격하는 것이 어렵게 되자, 플레이페어가 발견한 좀더 만만해(?) 보이는 명제를 공격하였다. 즉 이 평행선 공준을 부정하면 어디선가 틀린 부분이 나타날 것이라고 생각한 것이다. 그래서 평행선 공준을 부정한 다음과 같은 두 개의 명제가 등장하게 된다.

(1) 어떤 직선과 어떤 점이 있어서, 이 점을 지나면서 이 직선과 평행인 직선이 두 개 이상 존재한다.
(2) 직선 밖의 한 점을 지나고 그 직선에 평행인 직선은 하나도 없다.

그런데 놀랍게도 이렇게 부정된 명제를 사용했음에도 틀린 부분이 나타나는 것이 아니라 오히려 새로운 기하학인 비유클리드 기하학이 만들어지게 되었다.

비유클리드 기하학을 최초로 인식한 사람은 **가우스**(1777-1855)이다. 가우스는 "내가 15세이던 1792년에 이미 평행선 공준이 성립하지 않는 논리적인 기하학이 존재할 수 있다고 생각했었다."고 하였다. 그러나 가우스는 워낙 소심하고 완벽을 추구하는 사람이라 아직 확실하지 않은 이런 사실을 발표하지는 않았다.

비유클리드 기하학에 대한 논문을 발표한 사람은 **야노스 볼리아이**(1802-1860)라는 수학자이다. 야노스의 아버지인 볼프강 볼리아이는 아들이 평행선 공준을 연구하고 있는 것을 알아채고, 아들에게 평행선 공준에 대해서 연구하지 말라고 편지를 보냈다. 자신이 이 연구를 했었고 그 결과 이러한 연구는 파멸로 이른다는 것을 깨닫게 된 볼프강은 아들에게 이 연구는 시간과 건강과 마음의 평화와 인생의 행복을 빼앗아가는 것이라며, 아들을 위해 아주 긴 편지를 써 보낸 것이다. 그런데 아들은 아버지의 편지를 받고 오히려 더욱 분발하여 드디어 비유클리드 기하학을 발견하는 위대한 업적을 이룬 것이다.

야노스는 1831년에 그의 아버지가 쓴 책에 26쪽짜리 부록으로 비유클리드 기하학에 대한 논문을 발표했는데, 이보다 앞서 1829년에 러시아의 **로바체프스키**(1792-1856)가 러시아어로 비유클리드 기하학에 대해서 발표하였다. 그러나 러시아어로 된 로바체프스키의 논문은 그 당시 서양에서 제대로 알려지지 않았기 때문에, 야노스 볼리아이와 로바체프스키 모두 비유클리드 기하학을 발견한 사람으로 인정되고 있다. 볼리아이와 로바체프스키의 기하학은 위의 부정된 첫 번째 공준을 이용한 것으로 **쌍곡기하학**이라고도 불린다. 이 기하학에 따르면 삼각형의 세 내각의 크기의 합은 180° 보다 작게 된다.

독일의 **리만**(1826-1866)은 위의 부정된 두 번째 명제를 이용하여 볼리아이와는 다른 비유클리드 기하학을 만들었다. 이 기하학의 모형을 유클리드 공간에서 나타내면 구의 표면에서 대원을 직선으로 보는 **구면기하학**이 된다. 이 기하학에 따르면 삼각형의 세 내각의 크기의 합은 180° 보다 크게 된다.

수학은 진리라고 생각했던 당시의 수학자들은 비유클리드 기하학이 발견되자 큰 충격을 받았다. 유클리드 기하학과는 다른 기하학이 존재하며, 삼각형의 세 내각의 크기의 합이 180° 일 수도 있고 아닐 수도 있다는 사실은, 수학이 진리를 말하는 것은 아니라는 뜻이기 때문이다. 그래서 그 후 수학에 대한 여러 논쟁이 벌어지게 되고, 그 결과 수학이 좀더 엄밀하게 되고 발전하게 된다.

어찌되었든, 평행선 공준은 오래도록 수학자들을 괴롭혔다. 이와 비슷한 역사적 사실들이 여러 개 있다. 그 하나는 원주율 파이의 값을 구하는 문제이다. 아르키메데스 이후 수학자들은 원주율을 정확히 구하려고 시도하였는데, **루돌프**라는 수학자가 일생을 다 바쳐 원주율을 소수점 이하 35자리까지 계산해 내었다. 그러나 이 값이 그가 다른 노력을 하지 않고 이 값을 구하는 데 일생을 다 바칠 만큼 가치가 있었을까? 또 다른 문제는 그리스 시대부터 계속 되었던 세 가지 작도 문제이다. 임의의 각의 3등분선의 작도, 주어진 원과 넓이가 같은 정사각형의 작도, 주어진 정육면체의 2배의 부피를 가지는 정육면체의 작도 문제는 모두 2천여 년이 지나서야 작도할 수 없는 것으로 밝혀졌지만, 오래도록 많은 수학자들이 도전했던 문제이고 지금도 이 문제에 빠진 사람들이 종종 나

타나곤 한다. 페르마의 마지막 대정리도 그렇고 지금도 해결되지 않은 많은 수학 문제들이 있다. 그러한 문제를 해결하는 과정에서 무의미하게 인생을 마친 사람들도 있지만, 그런 도전적인 사람들 때문에 수학이 더욱 발전하게 되는 계기도 되었다. 여러분도 수학에 도전해 보는 것은 어떨까?

4

수학자

4-1 하늘을 바라 본 수학자 탈레스

여러분은 **꾀부리는 당나귀** 이야기라는 이솝 우화를 읽은 적이 있을 것이다. 소금을 싣고 가는 당나귀가 냇물에 이를 때마다 일부러 물속에서 미끌어진 척 넘어져서 소금을 다 녹게 하였다는 이야기를. 한두 번도 아니고 번번이 그러자 화가 난 당나귀 주인은 소금 대신 솜을 지고 가게 했고, 당나귀는 주인의 생각도 모른 채 냇물에서 넘어졌다가 솜이 물을 머금어 오히려 엄청 더 무거워져 혼이 났다는 이 이야기를 읽으면서 '제 꾀에 넘어간 어리석은 사람'에 대한 교훈을 얻게 된다. 그런데 이 이야기의 주인공이 바로 **탈레스**라는 수학자임을 알고 있는가?

탈레스는 기원전 620년경에 그리스 이오니아 해안의 밀레토스라는 마을에서 태어났다. 그는 소금, 기름 등을 거래하는 상인으로 많은 재산을 모아 이집트에 유학하였다. 거기서 탈레스는 수학과 천문학을 배웠고, 피라미드 높이를 짧은 막대 하나를 가지고 알아내어 당시 사람들을 놀라게 하였다.

그러면 탈레스는 피라미드 높이를 어떻게 재었을까? 다음 그림에서처럼, 피라미드 그림자와 막대 그림자를 재어 비례식으로 피라미드 높이를 구했다고 한다. 즉,

(피라미드 높이) : (피라미드 그림자 길이)
= (막대 길이) : (막대 그림자 길이)

$$(\text{피라미드 높이}) = \frac{(\text{피라미드 그림자 길이}) \times (\text{막대 길이})}{(\text{막대 그림자 길이})}$$

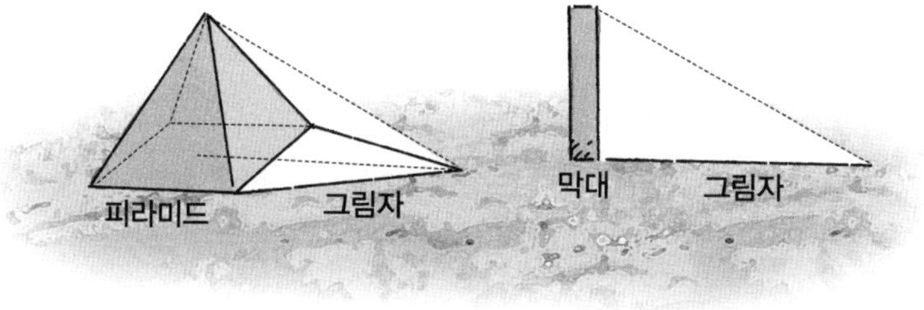

그러나 어떤 사람은 탈레스가 피라미드 높이를 이와는 다른 방법으로 구했다고 주장한다. 즉 막대 길이와 막대 그림자 길이가 같을 때 피라미드 그림자 길이가 피라미드 높이가 된다는 사실을 이용하여 피라미드 높이를 구하였다는 것이다. 막대 길이와 그림자 길이가 같아지는 시간만 잘 선택하면 이 방법으로 피라미드 높이를 구하는 것이 먼젓번 방법보다 더 편리하다. 물론 어느 방법을 택하든, 여기에는 아주 어려운 문제가 하나 또 숨어 있다. 탈레스

는 앞의 그림에서 피라미드의 밑면의 중심에서 그림자의 끝까지의 길이를 어떻게 재었을까? 그 방법에 대해서는 전해지지 않고 있다. 그러나 어떤 방법으로 피라미드 높이를 재었든, 이집트의 **아마시스** 왕은 탈레스의 이 기발한 재주에 무척 놀랐다고 한다. 여러분도 이와 같은 방법으로 주변의 건물 높이를 재어보기 바란다.

탈레스는 천문학에도 재능이 있어서, 그 당시에 이미 지구가 둥글다는 것을 알고 있었고, 1년이 $365\frac{1}{4}$일이라는 것을 그리스에 소개하였다고 한다. 탈레스는 또 기원전 585년 5월 28일에 **일식**이 일어날 것이며 메디아와 리디아의 전쟁이 이 일식 때문에 끝이 날 것이라고 예언하여 유명해지기도 하였다.

탈레스는 또 우리가 초등학교에서 배우고 중학교에서 **증명**하는 다음과 같은 정리들을 처음으로 증명하였다고 한다.

① 맞꼭지각의 크기는 서로 같다.
② 이등변삼각형의 두 밑각의 크기는 서로 같다.
③ 삼각형의 세 내각의 크기의 합은 180° 이다.
④ 반원에 내접하는 각은 직각이다.

이러한 사실은 그 이전 사람들도 알고 있었고 중국 사람들도 오래 전에 이미 알고 있었다. 그러나 탈레스는 이러한 성질이 어떤 특별한 한두 개의 삼각형이나 각에서 성립하는 것이 아니라 **모든** 삼각형이나 각에서 성립한다는 것을 **증명**하였다는 점에서 그리

스 수학자의 **시조**로 불리고 있다.

탈레스는 이솝 우화에 또 다시 등장한다. 천문에 관심이 많은 탈레스는 자주 하늘을 쳐다보면서 연구에 열중하였다. 어느 날 저녁 밤하늘을 바라보며 걷다가 바로 앞에 있는 웅덩이에 빠지고 말았다. 그것을 본 주변 사람들이 "바로 눈앞의 일도 알지 못하면서 어떻게 하늘에서 일어나는 일을 알 수 있는가?"라고 빈정댔다고 한다. 그러나 바로 눈앞의 일이 아닌, 멀리, 높이 있는, 눈에 보이지 않는 것을 바라보며 그 일에 몰두하는 삶 때문에 탈레스가 유명해졌고 학문의 시조로 존경받게 되었으리라. 수학을 공부하는 사람들의 자세가 바로 이런 것이 아닐까 생각해 본다.

4-2 콩을 먹지 못하게 했던 수학자 피타고라스

아마도 가장 많은 사람들이 기억하고 있는 수학자는 **피타고라스**일 것이다. 중학교 3학년에서 배우는 피타고라스 정리는 어떤 사람들에게는 수학의 신비감을 느끼게 했을 것이고, 어떤 사람들에게는 수학을 질리게 만들기도 했을 것이다.

피타고라스는 기원전 569년경 사모스 섬에서 태어났고 기원전 500년경 이탈리아 남단의 크로톤이라는 곳에서 죽었다고 알려진다. 어렸을 때부터 신동으로 소문난 피타고라스는 **탈레스** 밑에서 공부하였으며 이집트에서 20여 년간 지내면서 수학과 종교를 공부하다가 바빌로니아에 포로로 잡혀가서 10여 년간 바빌로니아의 점성술과 많은 지식을 배우고 고향인 사모스로 돌아왔다. 당시 사모스에는 포악한 정치가 이루어지고 있었고 자유가 없었기 때문에 피타고라스는 이탈리아의 크로톤으로 건너가서 그 곳 최고의 부자이면서 올림픽과 델포이 경기에서 열두 번이나 우승한

밀로의 후원을 받아 피타고라스 학교를 설립하였다.

피타고라스 학교는 학문을 연구하는 장소이기도 하였지만 종교 활동도 하고 정치 활동도 하는 장소였다. 이 학교에 들어가려면 모든 재산을 헌납해야 하고, 간소한 생활, 엄격한 교리, 극기, 절제, 순결, 순종의 미덕을 지켜야 하며, 이 학교에서는 모두 단체 행동을 하였다. 600명의 제자가 있었고 218명의 학자가 배출되어 정치적으로도 영향력이 컸다고 한다. 이 학교에는 남녀평등의 원칙이 있어서 여자들도 많이 있었다고 한다. 이 학교의 상징은 별 모양의 5각형 배지였다. **정5각형**에 대각선을 그으면 별이 만들어지고 그 안에 다시 조그만 정5각형이 생기는 사실이 매우 신비로웠을 것이다.

피타고라스는 **완전수**라는 수를 발견하였다. 완전수는 '자신을 제외한 약수의 합이 자기 자신과 같게 되는 수'이다. 예를 들어 6의 약수는 1, 2, 3, 6인데, 이 중 6을 제외한 나머지 약수들의 합은 $1+2+3=6$이 된다. 이러한 약수들의 합이 자신보다 큰 경우를 **과잉수**, 작은 경우를 **부족수**라고 하였다. 예를 들어 10의 약수는 1, 2, 5, 10인데, 10을 제외한 약수의 합은 $1+2+5=8<10$이므로 10은 부족수이다. 어떤 사람은 하나님이 6일 동안에 세상 만물을 창조한 이유를 6이 완전수이기 때문이라고 설명하기도 한다.

피타고라스는 **우애수**라는 수도 발견하였다. 예를 들어 220과 284가 우애수인데, 그 이유는 220의 약수 중 자신이 아닌 모든 약수의 합이 $1+2+4+5+10+11+20+22+44+55+110=284$가 되고,

284의 약수 중 자신이 아닌 모든 약수의 합이 1+2+4+71+142=220이 되기 때문이다. 피타고라스 이후 현재까지 많은 수학자들이 완전수와 우애수를 찾으려고 노력하였다는 것을 보면 피타고라스가 수학에 미친 영향을 짐작할 수 있을 것이다.

피타고라스는 수를 도형과 연결시켜 연구하기도 하였다. 즉 수를 점을 써서 나타낼 때 1, 3, 6, 10, …과 같이 정삼각형으로 배열할 수 있는 수들을 **삼각수**, 1, 4, 9, 16, …과 같이 정사각형으로 배열할 수 있는 수들을 **사각수**라 불렀다. 오각수, 육각수들도 마찬가지이다.

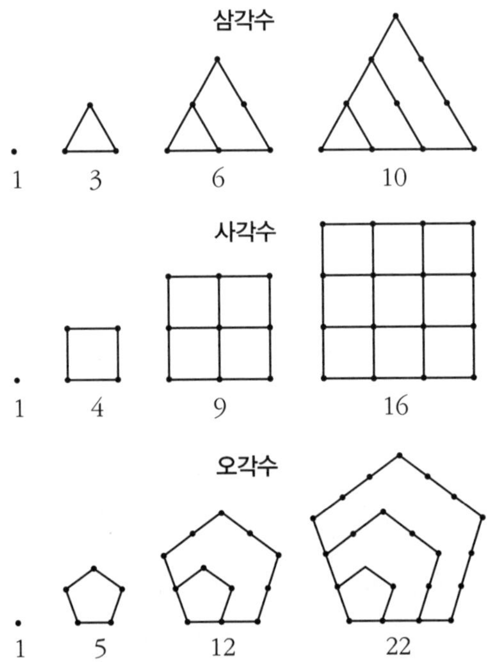

"세상 모든 것은 수이다."라고 생각한 피타고라스는 수를 이렇게 나타내다 보니 흡사 콩을 깔아놓은 것과 같아 보여서 콩도 아주 신성한 것으로 여겼다. 그래서 피타고라스는 제자들에게 콩을 먹지 못하게 하였다고 한다.

피타고라스는 우리가 잘 아는 **7음계**에 대해 수학적으로 연구를 하여 서양 음악 이론의 시조로 불린다. 피타고라스는 줄의 길이의 비가 2 : 1이면 1옥타브 높은 음이 나고, 길이가 3 : 2이면 5도 높은 소리가 난다는 것을 발견하여 7음계를 과학적으로 연구하였다.

그런데 피타고라스가 유명하고 중요한 이유는 이런 것이 아닌, **피타고라스 정리**를 증명한 데 있다.

"직각삼각형에서 빗변의 길이의 제곱은 나머지 두 변의 길이의 제곱의 합과 같다."는 성질을 피타고라스 정리라고 부른다. 세 변이 3, 4, 5가 되는 삼각형은 직각삼각형이 되는데, 이러한 사실은 고대 이집트나 중국, 심지어 그 이전 사람들도 알고 있었고 건축에 이용하기도 하였다. 그러나 이것을 증명한 것은 피타고라스가 처음이고, 그래서 사람들은 이것을 **최초의 위대한 정리**라고 한다. 피타고라스 자신도 이것을 증명하고 난 후 너무나 기뻐서 황소를 100마리나 잡아서 제사를 지냈다고 한다. 그러나 어떤 사람은 100마리가 아니라 밀가루로 만든 소 한 마리라고 주장하기도 한다.

어쨌든 피타고라스 이후에도 많은 수학자들이 이 정리를 증명하려고 하였는데, 현재 발견된 증명 방법은 미국의 20대 대통령인 **가필드**의 증명 방법을 포함하여 370가지가 넘는다. 17세기에 **페르마**라는 수학자가 죽고 나서 페르마의 대정리라는 유명한 정리를 메모에 남겨 두었는데, 이것은 피타고라스 정리에서 비롯된 것이다. 페르마의 대정리에 대한 역사 또한 매우 흥미로운 일이지만 이것에 대한 이야기는 수학자 페르마 편에서 하기로 한다.

그런데 피타고라스가 황소 100마리를 잡아서 제사를 지냈다던 이 정리에서 중학교에서 배우는 **무리수**라는 이상한 수가 발견되었다. 피타고라스는 모든 수는 자연수의 비로 나타낼 수 있다고 하였는데, 한 변의 길이가 1인 정사각형의 대각선의 길이인 $\sqrt{2}$는 자연수의 비로 나타낼 수 없었다. 이 수는 피타고라스의 생각을 완전히 뒤집어버리는 아주 고약한 수였다. 그래서 이 사실을 비밀로 지켰는데, **히파수스**라는 제자가 이를 폭로해 버렸다. 그래서 히파수스는 살해당했다고 하니, 예나 지금이나 잘못된 비밀을 밝히는 일은 쉽지 않은가 보다.

피타고라스 학교에서 연구된 모든 것은 개인 이름으로 발표되지 않고 모두 피타고라스 이름으로 발표되었다. 피타고라스의 세력이 점점 커지면서 반대파들의 공격도 많이 받게 되고, 결국은 그들에게 쫓기게 되었는데, 도망을 가다가 콩밭이 나타나자 망설이다가 붙잡혀서 살해되었다고 한다. 그러나 피타고라스가 죽은 후에도 기원후 2세기 말경까지 이 학교가 존재했다고 하니, 피타고라스의 영향력이 새삼 느껴진다.

여러분들도 피타고라스가 되어 또 다른 완전수는 무엇인지, 삼각수나 사각수에는 어떤 성질이 있는지 조사해 보아라. 흥미 있는 여러 사실들이 발견될 것이다. 한 가지 더! 피타고라스 학교 사람들은 매일 밤마다 스스로에게 세 가지 질문을 했다고 한다. 나는 무엇에 실패했는가? 나는 어떤 좋은 일을 했는가? 내가 해야 할 일 중에서 끝내지 못한 것은 무엇인가? 여러분도 이런 질문을 하면서 하루를 반성하면 어떨까?

4-3

인도-아라비아 숫자를 유럽에 소개한 피보나치

다빈치코드라는 소설의 70쪽에는 13−3−2−21−1−1−8−5와 같은 암호문이 나온다. 이 암호문에 나와 있는 수를 작은 수부터 순서대로 쓰면 1−1−2−3−5−8−13−21과 같이 된다. 이 수의 열은 앞의 두 수의 합이 그 다음 수가 되는 규칙에 따라서, 즉

1+1=2, 1+2=3, 2+3=5, 3+5=8, 5+8=13, 8+13=21

과 같이 하여 만들어진 것이다. 이러한 규칙에 따르는 수의 열을 피보나치 수열이라고 부른다. 이제 피보나치는 어떤 사람이고 이런 수열은 왜 중요한지를 알아보자.

레오나르도 피보나치(1170?-1250?)는 **피사의 레오나르도**라고도 한다. 피사에는 기울어진 것으로 유명한 피사의 탑이 있다. 이 피사의 탑을 만들기 시작한 시기와 거의 비슷한 1170년경에 피보나치는 상업 도시였던 이탈리아의 피사에서 태어났다.

그는 상업에 종사하는 아버지의 직업 때문에 어려서부터 산술에 흥미를 가졌으며 일찍이 아버지를 따라 아프리카로 이사를 갔다. 그 후 그는 알제리아, 이집트, 시칠리아, 그리스, 시리아 등으로 여행을 하면서 인도 기수법과 아라비아의 계산 방법, 지식을 배우게 된다. 로마의 수체계보다 인도와 아라비아의 수체계와 계산 방법이 우수하다는 것을 깨달은 피보나치는 1202년에 고향으로 돌아와서 **산반서**(Liber Abaci)라는 유명한 책을 출간하였다. 이 책의 영향으로 인도-아라비아의 숫자와 계산 방법들이 유럽에 보급되었는데, 이 책에는 **피보나치 수열**의 유래가 되는 토끼 문제가 나온다. 산반서에서는 그 답이 377쌍이지만, 문제를 이해할 수 있도록 명확하게 재구성하면 산반서의 문제와는 약간 다르게 다음과 같이 제시될 수 있으며, 이 경우에는 답이 233쌍이 된다.

> 한 쌍의 토끼가 있다. 이 한 쌍의 토끼는 매달 암수 한 쌍의 새끼를 낳고, 새로 태어난 토끼쌍도 태어난 지 두 달 후부터 매달 한 쌍씩의 암수 새끼를 낳는다고 한다. 갓 태어난 한 쌍의 토끼로부터 1년이 지나면 토끼는 모두 몇 쌍이 될까?

여러분도 다음 내용을 읽어보기 전에 이 문제를 풀어보아라. 그리고 다음 이야기를 읽어보아라. 이 문제를 해결하기 위해서 매달 토끼가 몇 쌍 있는지를 세어보면 되지만 그렇게 쉽지만은 않다. 그래서 그림을 그리면서 해결해 보자.

갓 태어난 토끼는 두 달 후부터 새끼를 낳고 이때부터는 매달 새끼를 낳는다. 그러므로 매달 토끼가 몇 쌍이 되는지를 조사해 보자. 새끼 토끼 한 쌍을 , 한 달된 토끼 한 쌍을 , 새끼를 낳을 수 있는 토끼 한 쌍을 와 같이 나타내자. 그러면 다음 그림과 같이 그릴 수 있다.

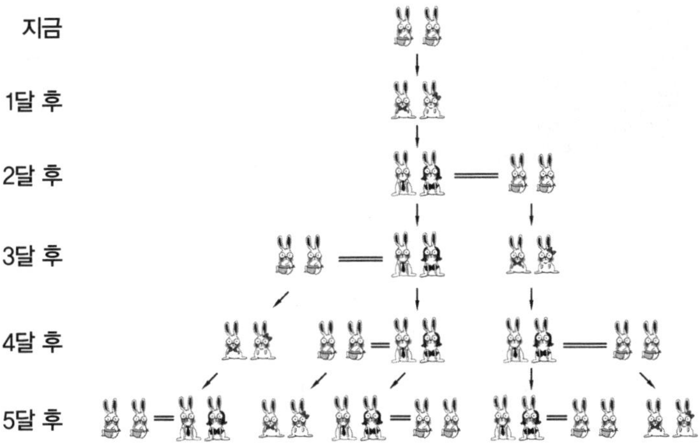

그러므로 토끼는 1, 1, 2, 3, 5, 8쌍과 같이 늘어난다. 사실 조금 더 생각해 보면, 전 달의 토끼들이 모두 다음 달에 한 달 더 나이가 많은 토끼가 되고, 그 중 새끼를 낳게 되는 것은 두 달 전 토끼들이라는 사실을 알 수 있다. 그렇게 해서 앞의 두 수의 합이 그 다음 수가 되는 규칙이 만들어진다.

이런 규칙을 계속 적용하면

1, 1, 2, 3, 5, 8, 13, 21, 34, 55, 89, 144, 233

이 되어, 1년 후에는 233쌍의 토끼가 있게 된다.

이 문제의 풀이에 나오는 이와 같은 수의 열을 나중에 **루카스**라는 수학자가 피보나치 수열이라고 이름을 붙였다.

그런데 신기한 것은 이러한 피보나치 수열이나 이 수열에 있는 수들이 자연현상에서 많이 발견된다는 점이다. 예를 들어 채송화와 딸기꽃의 꽃잎은 5장, 코스모스와 모란은 8장, 금잔화는 13장, 치커리는 21장 등과 같이 대다수 꽃의 꽃잎 수는 피보나치 수열에 있는 수 중의 하나이다. 해바라기 꽃의 씨앗에서도 피보나치 수열을 찾을 수 있다. 해바라기 꽃의 씨앗을 자세히 살펴보면 시계 방향과 반시계 방향의 나선을 찾아볼 수 있다. 이러한 나선의 수는 해바라기 크기에 따라 다르지만 대개 시계 방향으로 21개와 반시계 방향으로 34개, 또는 34개와 55개 같이 이웃한 두 개의 피보나치 수이다. 선인장에서도 이런 현상을 확인할 수 있다. 아름다운 앵무조개를 비롯한 바다 생물의 껍질에도 피보나치 수열이 있다. 왼쪽 그림은 한 변의 길이가 1, 1, 2, 3, 5, 8, 13인 정사각형을 이어 붙인 다음 각각

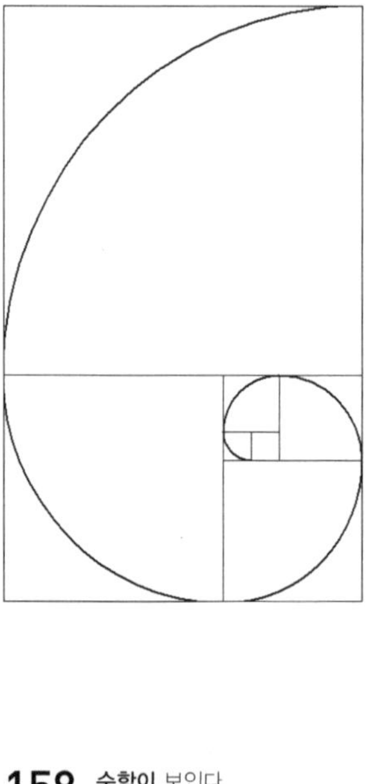

의 정사각형에서 사분원을 그려 만든 **황금나선**이다. 이런 황금나선이 바로 앵무조개의 나선의 정체이다.

피보나치 수열은 **황금비율**과도 관계가 있다. 피보나치 수열의 앞의 수로 바로 이웃한 다음 수를 나누어 보자.

1÷1=1, 2÷1=2, 3÷2=1.5, 5÷3=1.666, 8÷5=1.6, 13÷8=1.625

그러면 이 값들은 점점 황금비율인 1.618에 가까이 가게 된다.

피보나치 수열에 이와 같은 신비한 현상들이 많이 있기 때문에 오늘날에도 많은 수학자들이 이 수열의 성질을 연구하고 여러 분야에 이를 이용하려고 시도하고 있다.

피보나치는 중세의 대표적인 수학자로 손꼽힌다. 그러나 혼자서 위대한 업적을 이루기란 쉬운 일이 아니다. 다른 사람들이 만든 것을 조금씩 고치고 보완해서 새로운 발명을 하게 되는 것이 일반적이다. 수학의 역사를 보아도 마찬가지다. 피보나치가 위대한 업적을 남기고 피보나치 수열이라는 것을 발견하게 된 것도 피보나치가 고향을 떠나서 아프리카와 아시아의 여러 곳을 여행하면서 열린 마음으로 새로운 지식을 받아들인 탓일 것이다. 그가 지금까지 쓰던 로마 숫자만 고집했다면 인도 숫자가 유럽으로 전파되지 않았을 것이며 수학에서 큰 성공을 거두지도 못했을 것이다. **탈레스**나 **피타고라스** 역시 이집트나 바빌로니아 등 여러 곳을 여행하거나 포로 생활을 하며 돌아다녔고, 거기서 많은 것을 배웠기 때문에 위대한 수학자가 되었을 것이다. 그러므로 우리도 우리나라의 여러 곳을 여행하고 외국의 여러 곳을 여행하면서 많은 것을 보고 느끼고 다른 사람들을 만나면서 서로의 생각을 교환하고 배우려는 용기와 열린 마음을 가져야 할 것이다.

4-4 아마추어 수학의 왕자인 페르마

페르마(1601?-1665)는 수학자도 아니면서 수학에 대해 많은 연구를 해서 큰 업적을 쌓은 아마추어 수학자이다. 페르마가 죽고 나서 그의 유품을 정리하다가 발견된 **페르마의 마지막 대정리**는 그가 책의 여백에 '증명을 발견했지만 여백이 너무 좁아서 이를 적을 수 없다'고 기록했기 때문에 아주 유명해졌다. 많은 수학자들이 그 증명 방법을 찾으려고 노력하였으나 350년 이상 해결되지 않았고, 잘못된 증명이 가장 많은 정리이기도 하다. 페르마는 누구이며 페르마의 마지막 대정리는 무엇일까?

페르마는 프랑스의 부유한 가죽 상인의 아들로 태어났다. 그는 법률 관련 일을 하면서 휴식 시간에 수학 연구를 하였다. 페르마는 정식으로 수학교육을 받지 못했으며 스스로 **디오판투스의 산술** 책을 공부한 게 전부라고 할 수 있다. 그럼에도 불구하고 **파스칼**과 서신 왕래를 하면서 수학적 **확률론**의 기초를 닦았고, 뉴턴과 라이프니츠에 앞서서 **미분법**을 연구하기도 했으며, 데카르트보다 앞서서 **해석기하학**에 대한 연구를 하기도 하였다. 페르마가 쓴 수학 논문과 기록이 3000가지 이상이 될 정도이며, 17세기 프랑스의 가장 위대한 수학자로 불리기도 한다. 수학자 **벨**은 그를 '아마추어 수학의 왕자'라고 불렀다.

그러나 페르마가 유명한 것은 아마도 그의 마지막 대정리 때문일 것이다. 페르마는 디오판투스의 산술 책의 여백에 다음과 같은 기록을 남겼다.

> 2보다 큰 자연수 n에 대하여 방정식 $x^n+y^n=z^n$을 만족하는 0이 아닌 자연수 해는 없다. 나는 이러한 사실에 대한 훌륭한 증명을 발견했지만, 이 책의 여백이 너무 좁아서 내 증명을 다 적을 수 없다.

피타고라스 정리에서 알 수 있는 것처럼 $3^2+4^2=5^2$, $5^2+12^2=13^2$과 같이 $n=2$인 경우에는 분명히 그런 해가 있다. 그러므로 n이 2보다 큰 경우에 그런 해가 없다는 증명이 그리 어려워 보이지 않는다. 게다가 페르마가 그런 증명을 발견했고 여백이 좁아서 쓰지 못하겠다고 했으니 그렇게 복잡한 증명은 아닐 것이라는 예감이 든다. 그래서 많은 수학자들이 이것을 증명하려고 시도하였는데, 웬걸? 그렇게 쉬운 문제가 아니었던 것이다.

$n=4$일 때의 증명은 어렵지 않기 때문에 이 경우는 페르마도 증명했을 것으로 추측되지만, $n=3$인 경우에 불가능하다는 점은 **오일러**가 밝혀냈다. 그 후 **소피 제르맹**이 어떤 아이디어를 제시했고 이 아이디어를 기반으로 하여 여러 수학자들이 몇 가지 특수한 경우를 밝혀내었다. 그러나 그 후 200여 년 동안 페르마의 마지막 대정리에 대한 많은 도전들이 모두 실패하면서 이 정리에 대한 관심이 점점 시들해져갔다.

그런데 독일의 **볼프스켈**이라는 수학자 때문에 마지막 대정리는 다시 주목을 받게 되었다. 볼프스켈은 평범한 수학자였으며, 페르마의 마지막 대정리를 증명하려다가 실패한 많은 수학자들 중의 한 명이다. 그는 실연을 당하자 슬픔을 이기지 못하고 자살을 결심하였다. 자정에 자살하기로 계획을 세운 그는 사업도 정리하고 유서도 쓰면서 시간을 기다렸는데, 시간이 남아서 수학 책을 뒤적이다가 페르마의 마지막 대정리와 관련한 **쿠머**의 논문을 읽게 되었다. 거기서 뭔가 부족한 부분을 발견하고 이를 보완하다가 자살할 시간을 넘기고 또 마침내 논문의 부족한 점을 보완할 수도 있었다. 그래서 자부심을 느낀 그는 자살을 포기하고 유서도 찢어버렸다고 한다. 결국 페르마의 마지막 대정리는 그의 생명을 구한 문제가 되었고, 그는 페르마의 마지막 대정리를 증명한 사람에게

막대한 상금을 내걸게 되는데, 이것이 **볼프스켈 상**이다.

결국 마지막 대정리는 1994년 영국의 수학자 **앤드루 와일스**에 의해 증명되었다. 와일스는 이 공로로 1995년에 울프 상을 받고 1996년에는 볼프스켈 상을 받게 된다. 이렇게 해서 페르마의 마지막 대정리에 대한 수학자들의 도전이 끝나게 되었지만, 페르마가 그의 마지막 정리를 정말로 증명했는지는 아무도 모른다. 어쩌면 그가 착각했었을지도 모른다.

4-5 천재성을 다 피우지 못한 수학자 파스칼

"인간은 생각하는 갈대이다." "클레오파트라의 코가 조금만 더 낮았더라면 인류 역사는 달라졌을 것이다." 등과 같은 유명한 말을 한 사람은 **블레즈 파스칼**(1623-1662)이다. **팡세**라는 명상록으로 우리에게 잘 알려진 파스칼은 철학자일 뿐만 아니라, 수학사에서 가장 위대한 인물이 될 뻔한 사람이라는 평가도 받는다. 도대체 파스칼은 얼마만한 수학적 재능을 가지고 있었으며, 왜 그런 재능을 발휘하지 못했을까?

파스칼은 1623년 6월 19일 프랑스의 오베르뉴 지방에서 태어났다. 그의 아버지는 재판소장이었으며 어머니는 파스칼이 4세 때 세상을 떠났다. 7세 때 파스칼은 파리로 이사하였다. 이때부터 아버지는 파스칼의 교육을 시작했는데, 파스칼은 어릴 때부터 허약했기 때문에 아버지는 건강을 해치지 않도록 수학 공부를 하지 못하게 하였다. 그러나 그게 오히려 파스칼이 수학에 호기심을 가지도록 자극하게 되었다.

특히 12세 때에는 우리가 초등학교에서 배우는 삼각형의 세 내각의 합이 180°라는 것을 누구의 도움 없이 혼자서 발견했다. 이 사실은 종이 삼각형을 접어서 찾아냈다고 한다. 아들의 재능에 놀란 아버지는 자신의 고집을 꺾고 **유클리드**의 **기하학원론**이라는 책을 사 주었는데, 파스칼은 이렇게 해서 기하학에 빠지게 되었다.

13세 때에는 우리가 고등학교에서 배우는, **파스칼의 삼각형**이라고 하는 다음과 같은 수의 피라미드를 발견하였다.

1
1 1
1 2 1
1 3 3 1
1 4 6 4 1
1 5 10 10 5 1
1 6 15 20 15 6 1
1 7 21 35 35 21 7 1

파스칼의 삼각형

이 파스칼의 삼각형에서 많은 재미있는 수의 규칙을 찾을 수 있다. 예를 들어, 가로로 수를 모두 더하면 각각의 가로 열은 그 합이 1, 2, 4, 8, 16, …과 같이 2^{n-1}이 되며, 어느 가로 열에서 이웃한 두 수의 합은 그 다음 가로 열의 가운데 있는 수가 된다. 이런 규칙을 이용하면 파스칼의 삼각형을 얼마든지 아래로 길게 만들 수 있다. 대각선으로도 재미있는 규칙을 찾아볼 수 있으므로 여러분이 찾아보기 바란다.

14세 때에는 수도사이며 수학자인 **메르센**(1588-1648)이 1주일에 한 번씩 주최하는 프랑스 수학자들의 토론회에 참석을 허용 받았으며, 16세 때에는 **파스칼의 대정리**라고 하는 원뿔곡선과 관련된 아주 아름다운 정리를 증명하게 된다. 이 정리는 너무 대단하기 때문에 16세의 어린 소년의 작품이라고 할 수 없고 그의 아버지가 발견한 것이라고 의심받기까지 하였다. 17세 때에는 원뿔곡선에 관한 한 논문에서 위의 정리를 이용하여 400개의 명제를 이끌어내었다. 18, 19세 때에는 최초의 **계산기**를 발명하여 회계감사를 하는 아버지의 일손을 덜어주었다. 이처럼 파스칼의 어릴 적의 수학적 재능은 수학계의 왕자라는 가우스를 능가할 정도이다.

그런데 파스칼은 몸이 약하고 마음도 약해서 이런 수학적 재능을 살리지 못하고 종교에 심취하게 되고, 심지어는 종교 논쟁에도 빠지게 된다. 17세부터 39세가 되어 죽을 때까지 파스칼은 하루도 고통 없이 보낸 날이 없다고 할 정도로 몸이 약했다. 이미 23세 때에 그의 모든 소화기관이 악화되었을 정도이니 수학보다 종교에 심취하는 것도 당연하다고 하겠다.

그러나 그는 좌절하지 않고 수학과 과학에서 계속 그의 재능을 살렸다. 파스칼이 수학에서 보인 또 다른 탁월한 점은 **확률**에 대한 연구이다. 당시에 직업적 도박꾼인 **드메레**는 수학에 상당한 소양을 가지고 있어서 **카르다노**(1501-1576)처럼 도박에서 돈을 많이 벌었다. 드메레는 1654년경에 파스칼에게 두 가지 도박 문제를 해결해 달라고 부탁하였는데, 그 중 한 문제는 다음과 같은 **분배 문제**이다.

> A, B 두 사람이 내기 돈을 걸고 5회 먼저 이기는 사람이 내기 돈을 모두 갖기로 하였다. 매회 두 사람이 이길 확률은 각각 반반이다. A가 4 : 3으로 유리한 상황에서 게임이 중단될 때, 내기 돈을 어떻게 나누는 것이 공평한가?

게임이 중단되었으므로 똑같이 나누어야 한다고 생각할 수도 있지만, 4번 이긴 사람이 3번 이긴 사람보다 더 유리하므로 더 많이 가져야 한다고 생각하는 것이 합리적이다. 그러나 얼마나 더 많이 가져야 하는가 하는 데서 문제가 생긴다. ① 어떤 사람은 4:3으로 나누자고 주장하고, ② A는 앞으로 한 번 더 이기면 되고 B는 두 번 더 이겨야 하므로 2:1로 나누자는 사람도 있다. 여러분은 어떻게 생각하는가?

드메레의 질문을 받은 파스칼도 이 문제에 대해서 상당히 오래 고민했다. 그래서 페르마의 대정리로 유명한 **페르마**와 편지 교류를 하면서 해결 방법을 논의하였다. 드디어 페르마가 이 문제를 해결하여 파스칼에게 보냈는데, 병상에서 페르마의 편지를 받

은 파스칼은 그 방법이 너무나 어려워서 다른 방법을 연구한 끝에 **수형도**를 이용한 산뜻한 풀이를 발견하게 된다. 답은 3 : 1로 분배하는 것인데, 그 이유는 다음과 같다.

A가 4번 이기고 B가 3번 이긴 상황에서 한 번 더 게임을 한다고 생각해 보자. 그러면 A가 이기거나 지거나 둘 중의 하나이다. 만약 A가 이기면 게임은 끝나지만 B가 이기면 한 번 더 게임을 해야 한다. 이 경우에도 A가 이기거나 지는 두 가지 경우가 생긴다. 이것을 수형도로 그리면 다음과 같다.

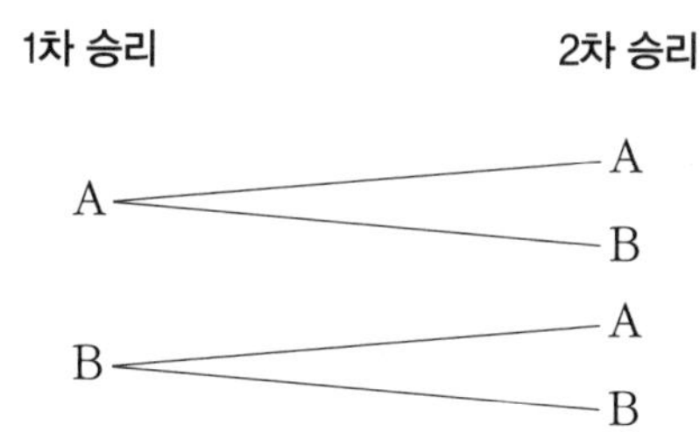

이 4가지 경우에서 A가 5번을 이기는 경우는 3가지이고 B가 5번을 이기는 경우는 1가지이다. 그러므로 상금을 3 : 1로 나누는 것이 합리적이다.

드메레가 요구한 이런 문제를 해결하면서 확률론이라는 수학의 새로운 분야가 탄생하여 발전하게 된다.

역사에 가정은 없다고 하지만, 만약 파스칼이 좀더 건강했다면 그는 종교에 심취하지 않고 그의 수학적 재능을 훨씬 더 발전시켜 나갔을 것이라고 생각된다. 그러므로 건강 관리는 우리가 세상을 살아가는 데 매우 중요한 일임에 분명하다. 그러나 극심한 육체적 고통 속에서도 쉬지 않고 연구에 몰두한 파스칼의 인내와 의지 또한 우리가 배워야 할 것이다.

4-6 역경을 이겨 낸 천재 수학자 오일러

지난 2007년은 18세기 최대의 수학자라는 **레온하르트 오일러**(Euler, 1707-1783)가 탄생한 지 300년이 되는 해였다. 그래서 우리나라를 비롯하여 러시아, 프랑스, 스위스 등에서 오일러의 탄생을 기념하는 국제 행사를 가졌다. 300년이 지난 지금도 세계적으로 존경받는 오일러라는 수학자는 어떤 사람이었을까?

오일러는 1707년 스위스의 바젤에서 목사의 아들로 태어났다. 오일러의 아버지 역시 수학에 재능이 있었지만 아들이 목사가 되기를 원하였고, 그래서 오일러는 바젤대학의 신학부에 입학하였지만 수학에 대한 열정 때문에 수학을 전공한다. 그 곳에서 오일러는 **요한 베르누이**라는 수학자를 만나는데 베르누이 집안은 소문난 수학자 집안이었다. 당시 요한의 형인 **야곱**과 요한은 **라이프니츠**의 제자로서 유명한 수학자였는데, 오일러의 아버지는 야곱의 제자이고, 오일러는 요한의 제자가 되었으니 수학으로 얽

힌 두 집안의 관계가 보통이 아닌 셈이다.

오일러는 요한에게 자주 질문을 하여 요한을 짜증나게 하였는데, 짜증을 내는 요한을 보고 오일러는 하찮은 것 때문에 스승을 괴롭혀서는 안 되겠다고 생각하여 가능한 한 스스로 문제를 해결하려고 결심하였다고 한다. 스스로 문제를 해결하려고 하는 의지와 인내가 수학 실력을 높이는 지름길임을 오일러에게서도 배울 수 있다. 베르누이 일가 중 수학의 발달에 가장 큰 영향을 미친 사람은 요한의 아들인 **다니엘**인데, 오일러는 다니엘과 친해지면서 수학에 더욱 전념하게 되었다.

그러나 오일러의 일생은 그리 편한 것만은 아니었다. 그는 바젤대학의 수학 교수가 되기를 원했으나 꿈을 이루지 못하였다. 20세가 되던 1727년에 그는 러시아의 초청으로 러시아의 아카데미에 가게 되는데, 그가 러시아에 도착하던 날 그를 초청했던 **캐서린 1세** 여왕은 죽고 만다. **피터 2세**가 그 뒤를 잇게 되지만 그는 학문을 중시하지 않아서 오일러는 아주 어려운 지경에 빠지게 되었다. 오일러는 두 번 결혼하여 13명의 자녀를 두기도 하였지만 8명이 오일러보다 먼저 죽는 불행도 겪었다.

28세 때에는 당시의 다른 수학자들이 몇 달 동안이나 끙끙대던 문제를 오일러가 3일 만에 풀어 사람들을 놀라게 하였다. 그러나 이때 너무 눈을 혹사시켰는지 한쪽 눈을 실명하였고 30여 년 후에는 다른 한쪽 눈도 멀고 말았다.

러시아의 억압적인 정치 상황에 싫증난 오일러는 40세가 되던

해에 프러시아의 **프리드리히** 대왕의 초청으로 베를린 과학 아카데미로 자리를 옮겼다. 그러나 대왕과의 불화로 베를린 생활은 행복하지 못했다. 프리드리히 대왕과의 관계가 더욱 악화되자 59세 때 다시 러시아로 돌아왔다. 러시아에서 나머지 한쪽 눈마저 실명되고, 큰 화재로 목숨을 잃을 위기에 처하기도 하였다. 69세에는 아내가 죽기까지 하는 등 그의 삶은 많은 불행과 불운으로 점철되었다.

그러나 그는 이런 모든 어려움을 이겨내고 수학의 많은 분야에서 연구에 몰두하였다. 이러한 어려움을 이겨낼 수 있었던 것은, 아버지의 영향에 따른 종교의 힘이었고 위대한 수학자이지만 결코 거만하지 않았던 그의 겸손함이었을 것이다.

특히 두 눈이 모두 먼 상태에서도 17년 동안이나 많은 논문을 썼

는데, 처음에는 아들에게 그 후에는 서기에게 불러주고 대필시키는 방법으로 논문을 썼다고 한다. 그가 쓴 책과 논문이 500편 이상인데, 이것은 그가 평생 동안 매년 800쪽의 논문을 쓴 셈이라고 한다.

아라고(Arago)라는 사람이 "오일러는 사람이 숨을 쉬듯이, 독수리가 하늘을 날듯이 남이 보기에는 아무런 고생도 없이 계산을 한다."고 말한 것처럼, 오일러는 암산 능력이 뛰어났으며 기억력 또한 대단했다고 한다. 그는 어려운 계산도 암산으로 했는데, 50자리까지도 정확하게 계산해 낼 수 있었다고 한다.

수학과 물리의 여러 분야에서 그는 많은 연구를 하였으며, 아직도 해결하지 못한 오일러 방정식 등 여러 업적을 쌓았다. 그 중에서 이해하기 쉬우면서도 대단히 중요하고 유명한 오일러의 공식은 다음과 같다.

구와 연결 상태가 같은 다면체에서 꼭짓점의 개수 v와 모서리의 개수 e, 면의 개수 f 사이에 $v-e+f=2$라는 관계가 성립한다.

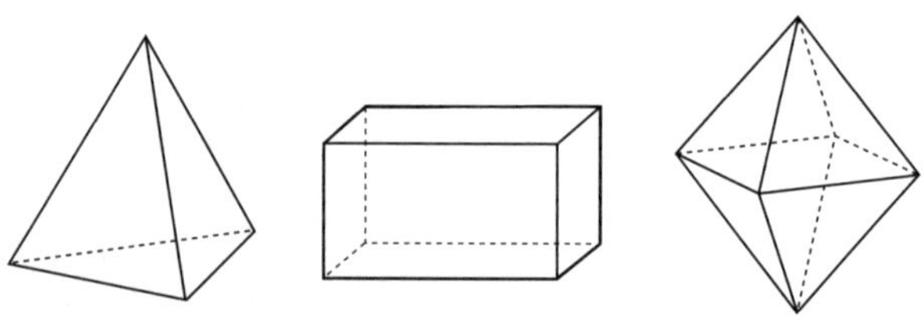

	정사면체	직육면체	정팔면체
꼭짓점의 개수	4	8	6
모서리의 개수	6	12	12
면의 개수	4	6	8

이 공식은 중학교에서 배우게 되는데, 이 공식을 이용하면 정다면체가 다섯 개뿐인 이유를 설명할 수 있다.

4-7 신이 존재한다는 것을 증명한 오일러

오일러는 어려운 삶을 살았지만 수학적 능력은 매우 뛰어났다. 이제 오일러의 업적 몇 가지와 일화를 살펴보기로 하자.

우리가 사용하는 수학의 여러 기호들은 오랜 세월 동안 여러 수학자들이 만들고 수정한 것이다. 그런데 삼각형에서 **각**을 대문자 A, B, C로, **변**을 소문자 a, b, c로, 삼각형 안에서 접하는 **내접원**과 밖에서 접하는 **외접원**의 반지름을 각각 r과 R로 쓰게 된 것이라든가, 고등학교 자연계열에서 배우게 되는 아주 중요한 수 e(약 2.718)는 모두 오일러 덕분이다. 얼마 전에 살펴본 적이 있는 **원주율** π는 영국의 수학자 **오트레드**(Oughtred, 1574-1660)가 처음 사용한 것으로 알려져 있다. 오일러는 원

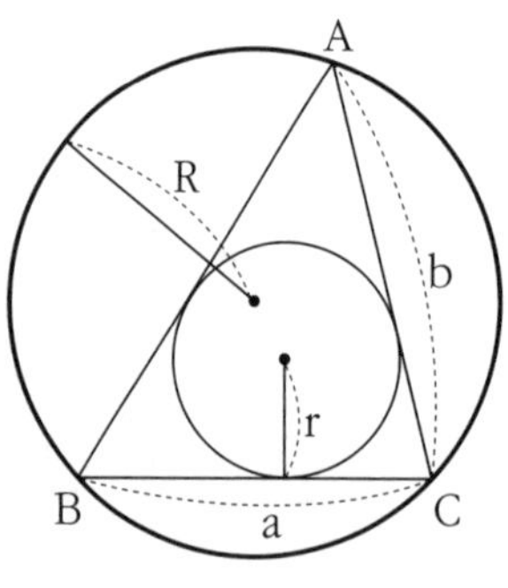

주율의 기호로 처음에는 p와 c를 사용했다가 1737년에 이 기호를 버리고 π를 사용하였는데, 오일러의 명성 때문에 π가 원주율의 기호로 확정되었다고 볼 수 있다. 또 **허수**의 기호로 사용하는 i도 오일러가 사용하였다. 함수를 나타낼 때 사용하는 기호인 $f(x)$도 오일러가 처음 사용하였다. 이와 같이 수학에서 사용하는 많은 기호들이 오일러 덕분이다.

오일러가 해결한 **쾨니히스베르크 다리** 문제 역시 유명한 문제이다. 유명한 철학자 **칸트**의 고향인 쾨니히스베르크라는 도시의 프레겔 강에는 아래 그림과 같이 7개의 다리가 놓여 있다.

당시 많은 사람들이 "같은 다리를 두 번 이상 건너지 않고 모든 다리를 산책할 수 있는 방법"을 찾으려고 노력하였다. 그러나 일일이 건너가거나 그림을 그려보는 방법으로는 너무 복잡해서 해결이 되지 않았다. 그런데 오일러는 이 이야기를 듣고 금방 '그런 방법은 없다'고 하면서 그 이유를 다음과 같이 설명하였다. 다리는 선분으로 땅은 점으로 바꾸면 이 다리는 다음과 같은 그림이 된다.

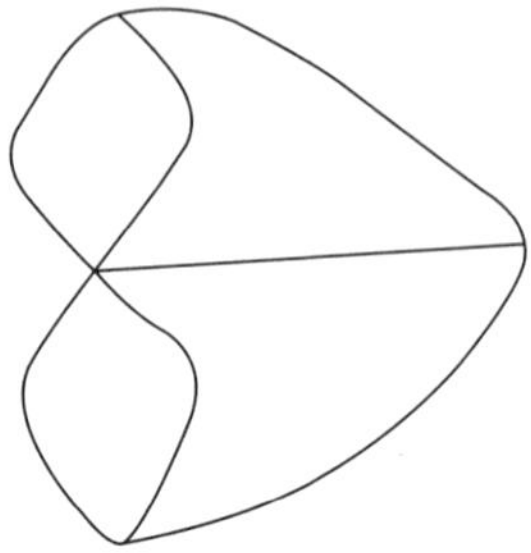

이제 다리 문제는 연필을 떼지 않고 모든 선을 한 번 씩만 지나면서 이 그림을 그릴 수 있느냐 하는 문제로 바뀌게 된다. 이것은 중학교에서 배우는 **한붓 그리기** 문제인데, 이 다리는 홀수점이 4개 있어서 한붓 그리기가 불가능해진다. 이와 같이 점과 선분만으로 이루어진 도형을 **그래프**라고 하는데, 이 문제 이후 그래프 이론과 **위상수학**이라는 새로운 수학 분야가 탄생하게 되었다.

오일러가 발견한 것 중에서 $e^{\pi i}+1=0$이라는 등식은 아주 유명하다. 이 등식은 수학에서 가장 중요한 다섯 개의 수, 즉 1과 0, 허수 단위인 i, 원주율로서 대표적인 무리수인 π, 로그에서 중요하게 사용되는 무리수 e가 하나의 식으로 결합된 것이다. 소설로 쓰이고 영화화된 **박사가 사랑한 수식**은 바로 이 식을 모델로 한 것이다.

그런데 이런 위대한 수학자도 틀릴 수 있다는 사실이 신기하고, 또 그런 점 때문에 수학을 잘 못하는 우리에게도 많은 위로가 된다. 오일러는 $1-3+5-7+\cdots=0$이라고 주장하였다. 사실 이 계산은 아주 이상하다. 다음과 같이 생각해 보자.

$$\underline{1-3}+\underline{5-7}+\underline{9-11}+\cdots=-2-2-2-2-\cdots$$
$$1-\underline{3+5}-\underline{7+9}-11+\cdots=1+2+2+2+\cdots$$

앞에서 두 개씩 먼저 계산하면 $-2-2-2-2-\cdots$와 같은 답이 나오고, 처음 수 1을 그대로 두고 그 다음 수들을 두 개씩 묶어서 계산하면 $1+2+2+\cdots$와 같은 답이 나온다. 이렇게 되면 답이 다르게 된다. 이것은 무한히 많은 수를 더하는 데서 나오는 혼란으로, 이렇게 무한히 많은 수를 더하는 문제들 때문에 오일러뿐 아니라 당시 많은 수학자들이 당황하곤 하였다. 지금은 이런 문제를 고등학교에서 배우게 되는데, 오일러조차 잘못 계산한 것처럼 정말 이해하기 쉽지 않은 내용이다.

마지막으로, 오일러가 어떻게 신이 존재하는 것을 증명하였는지 알아보자. **에카테리나** 여제의 초청을 받은 프랑스의 학자 **디드로**가 러시아에서 무신론을 주장하고 다니자 걱정이 된 여제가 오일러에게 이 문제를 해결하도록 부탁하였다. 오일러는 디드로에게 가서 "선생님, $\frac{a+b^n}{n}=x$입니다. 따라서 신이 존재합니다."라고 주장하였다. 그러자 디드로는 아무 말도 못하고 그 날로 짐을 싸서 프랑스로 돌아갔다고 한다. 이것은 오일러에 관한 유명한 일화이기는 하지만, 이것은 사실이 아니라 영국의 **드 모르간**이라는

수학자가 조작한 것이라는 주장도 있다.

그런데 우리 주변을 살펴보면, 수학을 이용하여 여러 사람을 속이고 사기 치는 경우들이 많이 있다. 수는 정확하고 수학은 정직하다고 많은 사람들이 믿고 있기 때문이다. 그리고 어려운 수학을 들이대면 대부분 기가 죽게 마련이다. 어찌 보면 이런 사기에 당하지 않기 위해서라도 수학을 배워야 하는 것은 아닐까?

4-8 벽돌공이 될 뻔한 천재 수학자 가우스

수학 문제를 풀다 보면 1에서 100까지의 수를 더하는 문제나 2+4+6+…+100의 합을 구하는 문제를 가끔 보게 된다. 그러면서 10세짜리 **가우스**가 이 문제를 간단히 풀었다는 이야기도 듣게 된다. 사실 수학 문제를 풀다 보면 이와 같이 연속된 수들의 합을 구하는 경우가 자주 등장하게 되고, 이때 가우스의 방법은 아주 많은 도움이 된다. 그러면 수학자 가우스는 어떤 사람인가?

가우스(1777-1855)는 19세기의 가장 위대한 수학자이며 **아르키메데스**, **뉴턴**과 더불어 3대 수학자로 꼽힌다. 가우스는 수학의 왕이라고도 불리는데, 당시 **훔볼트** 백작이 **라플라스**에게 독일 최고의 수학자가 누구냐고 물었을 때 라플라스는 **파프**라고 대답하였다. 내심 가우스이기를 기대했던 훔볼트는 무척 실망하여 "그래도 가우스가 있지 않습니까?"라고 물었다. 그때 라플라스는 "가우스는 세계 제1의 수학자지요."라고 대답하였다고 한다.

그런데 이 위대한 수학자 가우스는 1777년에 독일의 브룬스비크에서 아주 가난하고 교육열이 없는 벽돌공의 아들로 태어났다. 어려서부터 뛰어난 재능을 보였지만 아버지의 관심을 받지는 못하였고 아버지는 그가 벽돌공이나 정원사가 되기를 원하였다. 그러나 교육을 제대로 받지 못한 어머니와 삼촌의 격려와 도움으로 공부를 할 수 있었다고 한다.

가우스에 대한 유명한 일화는 다음과 같다.

가우스가 10세 때 뷔트너 선생은 학생들을 조용히 하게 하려고 1부터 100까지의 수를 더하라고 하였다. 다른 아이들은 1에서 순서대로 계속 더하고 있는데 가우스는 거의 즉시 답을 제출하였다. 선생님은 가우스가 그렇게 빨리 답을 낸 데 대해 화가 났지만, 답이 정확한 데 대해 또 놀라고 말았다.

가우스는 단순히 빨리 계산을 한 것이 아니라 이것을 간단히 계산하는 방법을 찾아낸 것이다. 가우스는 하나씩 커지는 수를 더하는 것이라는 데 주목하여,

$$1+2+3+\cdots+98+99+100$$
$$=(1+100)+(2+99)+(3+98)+\cdots+(50+51)$$
$$=101\times 50=5050$$

과 같이 계산한 것이다. 그런데 이런 방법은 홀수개의 수를 더할 때 약간 곤란할 수도 있다. 그러므로 다음과 같은 방법이 더 편할 수도 있을 것이다.

$$\begin{array}{rrrrrrr} & 1+ & 2+ & 3+\cdots+ & 99+ & 100 & \\ + & 100+ & 99+ & 98+\cdots+ & 2+ & 1 & \\ \hline & 101+ & 101+ & 101+\cdots+ & 101+ & 101 & =101\times 100=10100 \end{array}$$

그러므로 $1+2+3+\cdots+99+100=10100\div 2=5050$

이 문제는 초등학교에서도 다루어지지만, 고등학교에서는 **등차수열**과 그 합을 구하는 문제로 또다시 다루어지는 중요한 문제이다. 이렇듯 가우스는 말년에 자기는 말보다 계산을 먼저 배웠다고 농담을 할 정도로 아주 이른 나이에 계산에 탁월한 재능을 발휘하였다.

가우스는 괴팅겐 대학에 다니던 19세에 자와 컴퍼스로 원에 내접하는 정17각형을 작도하는 방법을 발표하였는데, 그 당시 그는 자신의 전공을 고대어로 할 것인지 수학으로 할 것인지를 고민하고 있다가 정17각형의 작도를 발표한 후 수학자가 되기로 결심하였다고 한다. 정17각형을 자와 컴퍼스만으로 작도할 수 있다는 사

실을 발견한 그는 이 업적을 자랑스럽게 생각하여 자신의 묘비에 정17각형을 새겨달라고 요청하기까지 했다.

괴팅겐 대학에 다닐 당시 **볼리아이**라는 친구가 있었다. 가우스의 어머니가 이 친구에게 가우스의 장래성을 물었을 때 그는 가우스가 유럽 제일의 수학자가 될 것이라고 말해서 어머니는 눈물바다가 되도록 울었다고 한다. 친구를 알아주는 것이 흡사 관포지교와 같다고나 할까? 가우스의 재능이 그토록 뛰어나더라도 그의 재능을 알고 밀어 준 어머니와 삼촌의 도움, 그리고 이런 친구가 없었더라면 가우스는 어쩌면 평범한 벽돌공이 되어버리지는 않았을까 하는 생각도 든다.

가우스는 수학에서 중요한 여러 사실을 발견하고 증명하였지만, 소행성 퀘레스의 궤도를 찾아내고 궤도 계산도 하는 등 천문학과 전기학 등에서도 중요한 공헌을 하였다. 그가 30세가 되었을 때 괴팅겐 대학의 천문대장이 되었고 이것이 그의 평생 직업이 되었다고 하니 천문학에 대한 그의 기여를 짐작할 수 있을 것이다.

가우스는 유명해지거나 부자가 되는 데에는 관심이 없었고 오직 자신의 만족감 때문에 수학에 몰두하였다. 그런데 수학과 과학에서 가우스가 손대지 않은 곳이 없다고 할 정도로 여러 방면에 연구를 한 가우스는 성격이 소심하고 완벽한 것을 좋아해서 스스로 완전하다고 생각되지 않으면 자신의 연구 결과를 발표하지 않았다. 또 자신보다 못한 수학자들이 자신의 연구 결과에 대해 이러쿵저러쿵하는 것을 무척 싫어하였다. 그래서 혼자 연구하는 것을 좋아하였고 제자를 가르치는 데에도 소홀하였다고 한다.

가우스와 관련된 유명한 사람이 또 있는데, 바로 **제르맹**(1776-1831)이라는 여성 수학자이다. 가우스가 처음 **정수론 연구**라는 책을 출판하였을 때 가우스는 **르 블랑**이라는 프랑스 사람으로부터 편지를 받았고 그 편지의 내용이 가우스에게 많은 도움을 주었다. 어느 날 프랑스 군대가 가우스가 사는 마을로 쳐들어오게 되었는데, 르 블랑은 아르키메데스가 로마군에 의해 살해되었던 것처럼 가우스에게도 불행한 일이 생길까 염려되어 군대 지휘관에게 가우스의 신변을 보호해 줄 것을 요청하여 가우스를 보호하였는데, 나중에 가우스는 르 블랑이 제르맹이라는 여성 수학자임을 알게 되었다. 이후 두 사람은 아주 친한 학문적 친구가 되었다. 그러나 당시에는 여자들은 음악이나 미술을 배우고 집안일을 하기를 강요받던 시대라서 여자가 수학을 공부하는 것을 좋아하지 않았다. 그래서 제르맹이 훌륭한 업적을 쌓았어도 여자라는 이유로 상도 받을 수 없었다. 가우스가 이를 안타깝게 여겨 많은 노력을 한 결과 드디어 제르맹에게 상을 수상하기로 하였다. 그러나 불행하게도 제르맹은 상을 받기 전에 죽고 말았다. 제르맹이 죽은 다음에도 가우스는 제르맹이 괴팅겐 대학의 명예박사 학위를 받을 수 있도록 노력하였다.

가우스는 위대한 천재인지라 누구나 그를 본받을 수 없지만, 아무리 뛰어난 천재라도 자신을 알아주고 밀어주는 친구가 없다면 그 능력을 십분 발휘하기가 어려울 것이다. 그러므로 좋은 친구를 사귀는 데 최선을 다 하는 것도 중요하다.

4-9 무한 세계를 바라 본 수학자 칸토어

부분은 전체보다 작은가? 인간은 오래 전부터 이런 질문에 그렇다고 대답해 왔다. 그런데 항상 부분이 전체보다 작은 것은 아니며 부분이 전체와 같을 수 있다고 주장한 수학자가 있다. 19세기 말 수학계에 엄청난 파란을 일으킨 독일의 수학자 **칸토어**(Cantor, 1845-1918)가 바로 그 사람이다(칸토어를 '칸토르'로 부르기도 한다).

칸토어는 1845년에 소련의 레닌그라드에서 태어났다. 그의 아버지는 부유한 상인이었고 어머니는 예술적 소양이 많았다. 아버지가 1856년에 독일의 프랑크푸르트로 이사한 후 칸토어도 계속 그 곳에서 살았기 때문에 사람들은 칸토어를 독일의 수학자라고 생각하게 되었다.

칸토어는 중 · 고등학교 시절 수학 성적이 아주 우수하였다. 그러나 아버지는 칸토어가 장차 식품 기술 방면의 직업으로 나아가

도록 완고하게 고집하였다. 아버지를 사랑하는 칸토어는 아버지의 뜻을 따르려 노력하면서 소심한 성격이 형성되었던 것 같다. 훗날 그런 소심한 성격 때문에 정신병에 걸리게 되었을지도 모른다. 자식의 재능과 자식을 사랑하는 아버지의 고집 사이의 갈등은 평범한 사람들만이 아니라 오일러나 칸토어 같은 위대한 수학자에게도 마찬가지인 것 같다. 칸토어가 17세 때에야 비로소 아버지는 자신의 고집을 버리고 아들이 대학에서 수학을 전공하도록 허락하였다.

칸토어가 공부하였던 베를린 대학에는 유명한 수학자들이 여러 명 있었는데, 특히 **크로네커**라는 수학자와는 나중에 많은 갈등을 겪게 된다. 칸토어는 베를린의 한 여학교에서 교편을 잡다가 1869년에 할레 대학에 부임하여 1905년까지 그 대학의 교수로 일하였다. 29세 되는 해인 1874년에 칸토어는 **집합론**에 대한 혁명적인 논문을 발표하였고 그 해 결혼하였다. 칸토어는 여섯 자녀를 두었지만 어느 자녀도 아버지의 수학적 재능을 이어받지는 못했다. 그는 베를린 대학에서 교수가 되기를 원하였으나 크로네커의 반대 때문에 베를린 대학의 교수가 될 수 없었다.

무한집합에 대한 칸토어의 연구에 대하여, 크로네커는 칸토어 때문에 수학계가 정신병원으로 가고 있다고 생각하여 닥치는 대로 칸토어를 격렬하게 비판하였고, 소심하고 과민한 칸토어는 정신병에 걸리고 말았다. 그래서 그는 자신의 연구가 잘못되었고 자신이 너무 보잘 것 없는 사람이라고 생각하게 되었다. 할레 대

학에 자신을 수학교수에서 철학교수로 옮겨달라고 요청하기까지 할 정도였다. 그러나 우울 상태가 벗어나면 놀라운 연구를 하기도 하였다.

그런 칸토어를 인정하고 지원해 준 수학자로 **데데킨트**, **미탁레플러**, **에르미트**(Hermite) 등이 있다. 1897년 제1회 **국제 수학자 회의**에서 칸토어의 공적이 널리 인정되었으며, 1901년에는 런던 수학회의 명예 회원이 되었다. **힐베르트**는 "칸토어의 집합론은 수학자의 두뇌가 만들어 낸 가장 훌륭한 최고의 업적"이라고 말할 정도로, 이후 칸토어의 집합론은 수학 전체에 걸쳐서 근본적인 공헌을 하게 되었다.

그러나 그의 말년은 불운했다. 제1차 세계대전 내내 그는 가난하고 굶주리기까지 했으며, 결국 1918년 할레의 정신병원에서 정신병으로 사망했다.

그러면 크로네커의 격렬한 반대에 부딪혔던 그의 집합론은 무엇일까? 그것을 자세히 설명하는 것은 어려운 일이지만, 간단히 이야기하면 **무한**을 세었다는 것이다. 이전까지 수학자는 무한을 세는 것을 두려워했으며 '무수히 많다'는 말로 만족하였다. 19세기 가장 위대한 수학자인 **가우스**도 무한을 계산하려는 것에 반대하며 **무한**이란 말하는 방법에 불과하다고 주장하였다. 그러나 칸토어는 무한을 세었으며 큰 무한과 작은 무한을 계산하였던 것이다. 그리고 무한을 세는 방법으로 **일대일대응**이라는 방법을 이용하였다.

자연수 집합과 **짝수** 집합을 생각해 보자. 분명히 짝수 집합은 자연수 집합의 부분이고 자연수 집합이 짝수 집합보다 두 배나 많은 수를 가지고 있을 것이라고 생각할 수 있다. 그런데 다음과 같이 짝을 지으면 두 집합의 모든 원소들이 일대일대응하게 된다. 그러므로 이 두 집합의 원소 개수는 같다고 할 수 있다.

자연수	1	2	3	4	…	n	$n+1$	…
	$\updownarrow$	$\updownarrow$	$\updownarrow$	$\updownarrow$		$\updownarrow$	$\updownarrow$	
짝수	2	4	6	8	…	$2\times n$	$2\times(n+1)$	…

마찬가지로 자연수 집합과 정수 집합은 그 원소의 개수가 같다. 어떻게 일대일대응을 시킬 수 있는지 생각해 보아라.

또 길이가 1cm인 선분과 2cm인 선분에 있는 점들의 개수를

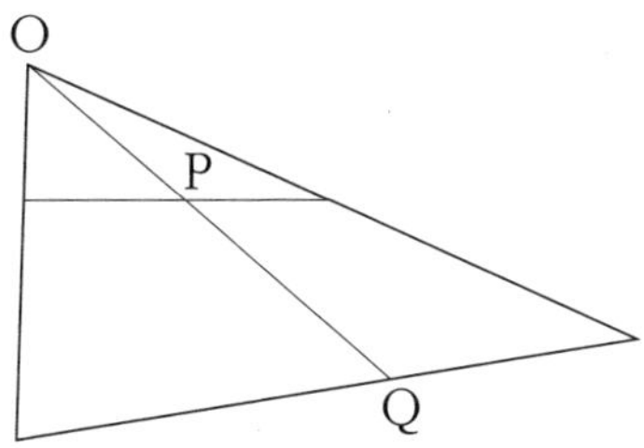

생각해 보자. 아마도 길이가 2cm인 선분에 있는 점의 개수는 1cm 선분에 있는 점의 개수의 두 배가 될 것이라고 생각할 것이다. 그러나 왼쪽 그림과 같이 점을 짝 지으면 일대일대응이 된다. 즉 두 선분의 양 끝점을 이어서 만난 점 O와 짧은 선분 위의 한 점 P를 이은 직선이 긴 선분과 만나는 점 Q와 짝을 지우는 방법처럼 대응시키면 두 선분의 모든 점들이 일대일대응이 되는 것이다.

이렇게 되면 우리가 알고 있는 많은, 무한히 많은, 서로 다르게 보이는 것들이 모두 같은 무한이 되어버리는 것이다. 그런데 칸토어는 여기서 다 나아가서 이것보다 더 큰 무한도 찾아내었다. 그러니 그 당시의 상식과 다른 주장을 하는 칸토어를 보고 크로네커와 같은 많은 수학자들이 칸토어가 틀렸다고 공격을 하지 않을 수 없었을 것이다. 또한 칸토어 자신도 상식과 다른 이런 결과에 놀라고 당혹해서 정신병에 걸리게 되었을 것이다. 그러나 칸토어의 희생 덕분에 지금은 이러한 결과를 당연하게 받아들이고 있으며, '부분이 전체와 일대일대응이 되는 집합'을 이용하여 우리는 무한세계를 탐구하게 되었다.

칸토어는 자신을 비판하는 많은 수학자들을 향해서 "수학의 본질은 자유에 있다."고 주장하였다. 장기를 둘 때 여러 말의 움직임

은 하나의 규칙이다. 이런 규칙을 따라서 장기를 이기는 것도 중요하지만, 장기 규칙을 자유롭게 바꾸어 새로운 게임을 만들어보는 것은 어떨까? 마찬가지로 수학의 여러 법칙을 나름대로 바꿔서 새로운 수학을 창조하는 자유를 누려봄이 어떨까? 물론 칸토어처럼 정신병원에 가거나 갈릴레오처럼 종교재판에 회부될 위험 부담이 있을 수 있겠지만…….

4-10 여성 수학자

옛날부터 수학은 남성의 영역이며 여자들은 수학을 잘하지도 못하고 할 필요도 없다는 인식을 가지고 있었다. 그래서 유능한 여성 수학자들이 배출되지 못했고 설령 있다 하더라도 많은 어려움을 겪었다. 두 사람의 대표적인 여성 수학자의 삶을 살펴보자.

1) 히파티아

아고라라는 영화는 여성 수학자 **히파티아**(370?-415)에 대한 영화이다. 이 영화를 보면 히파티아가 어떻게 살았고 어떻게 죽임을 당했는지 잘 알 수 있다.

히파티아는 수학사에서 언급되는 최초의 여성 수학자이다. 그녀는 알렉산드리아의 마지막 도서관장인 **테온**의 딸이며, 아버지에게서 수학을 배웠다. 그러나 히파티아는 아버지보다 더 수학적 재능이 뛰어났다고 한다. 히파티아는 수학은 물론 철학에도 뛰어

나서 플라톤과 아리스토텔레스의 사상을 가르치기도 했는데, 학식이 높고 덕망이 있어서 학문의 여신인 뮤즈라는 별명을 얻었다고 한다. 그녀는 매우 아름다웠고 지혜로웠기 때문에 그녀에게 청혼하는 사람들이 많았다. 그러나 히파티아는 청혼하는 사람들에게 "나는 이미 진리와 결혼했다."라고 말하며 청혼을 거절하고 독신으로 살았다.

그 당시 알렉산드리아는 정치적으로도 종교적으로도 매우 혼란스러웠다. 기독교도가 대다수를 차지하고는 있었지만, 이교도들도 있었다. 당시 알렉산드리아에는 이교도에 냉담하지 않은 오레스테스 제독이 있었으며, 히파티아는 오레스테스의 친구였다. 그러다가 이교도를 인정하지 않은 키릴이 412년에 주교가 되었는데, 그는 히파티아를 미워했다고 한다.

기독교도과 이교도 사이의 대립이 격화되다가, 415년 3월 격분한 기독교 폭도에 의해 히파티아는 다신교 사원의 계단에서 끔찍하게 살해되었다.

탈레스를 비롯하여 피타고라스, 유클리드 등 많은 수학자를 배출한 그리스가 수학의 발달에 커다란 기여를 했지만, 히파티아의 죽음으로 수학에 대한 그리스의 기여가 막을 내렸다고 할 정도로 그 이후 수학은 오래도록 침체의 길을 걷게 된다.

지금도 종교분쟁은 무서운 일이지만, 히파티아의 죽음은 오레스테스와 키릴 사이의 갈등을 포함한 종교분쟁의 탓이 있기는 하지만, 알렉산드리아에서 상당한 인기를 끌었던 히파티아가 여자라는 데도 그 이유가 있었을 것이다.

2) 소피 제르맹

제르맹(1776-1831)은 1776년에 프랑스 파리에서 부유한 집안의 둘째 딸로 태어났다. 제르맹은 13세 되는 해에 아버지의 서재에서 우연히 **아르키메데스**의 죽음에 관한 이야기를 읽게 되었다. 로마 군대가 아르키메데스가 살고 있는 시라쿠사를 침략했을 때 그는 바닷가 모래 위에서 기하학적 도형을 그리고 연구에 몰두하고 있었다. 칼을 든 군인에게 방해하지 말고 비키라고 했다가 죽임을 당했는데, 죽음의 위험도 잊고 몰두할 수 있는 수학이란 게 무엇인지 매우 궁금해 하고 감탄하게 되었다.

그러나 제르맹의 아버지는 딸이 공부하는 것을 싫어해서 밤늦도록 공부하지 못하게 불도 켜주지 않고 난방도 해주지 않았다.

그렇지만 제르맹은 부모가 잠든 후에 담요를 뒤집어 쓰고 몰래 수학 공부를 했다. 그러다가 그렇게 공부하는 모습을 아버지에게 들켰는데, 제르맹의 열성에 감탄한 아버지가 수학 공부를 허락해 주었다.

아버지가 수학 공부를 허락하기는 했지만, 당시 프랑스 최고 학교인 에꼴 폴리테크닉에는 여학생의 입학이 허용되지 않았기 때문에, 제르맹은 수학을 정식으로 배우지 못했고 당시 수학 교수인 **라그랑주**(J. Lagrange, 1736-1813)의 강의 노트를 구해서 공부했다. 제르맹은 강의 노트에서 잘 납득이 되지 않는 곳을 지적하여 이 대학의 학생이었던 **르 블랑**의 이름으로 라그랑주에게 보내곤 하였다. 라그랑주는 르 블랑의 지적에 매우 감탄하였으며, 르 블랑이 제르맹이라는 여자라는 사실을 알고 크게 놀랐다고 한다.

제르맹이 25세 되었을 때 가우스가 **정수론 연구**라는 책을 출판하였다. 제르맹은 이 책을 보고 정수론을 연구하면서 르 블랑이라는 이름으로 가우스와 접촉하였다. 몇 년 후 나폴레옹의 군대가 가우스의 고향에 침입하였다. 제르맹은 아르키메데스가 죽은 것처럼 가우스에게도 위험이 닥칠 것을 염려하여 아버지의 친구인 군대 지휘관에게 편지를 보내어 가우스를 보호해 줄 것을 부탁하였는데, 이것이 계기가 되어 가우스는 르 블랑이 제르맹이라는 여성임을 알게 되었다. 이후 제르맹과 가우스는 학문적 친구로서 친밀한 관계를 갖게 되었다.

제르맹은 페르마의 마지막 대정리를 해결하는 데도 큰 기여를 했으며, 탄성에 관한 분야에서도 많은 업적을 남겼다. 이로 인해 제르맹은 1816년에 프랑스 아카데미로부터 아카데미상을 받았고, 그녀가 죽은 후에는 가우스의 노력에 의하여 괴팅겐 대학의 명예박사 학위를 받기도 하였다.

역사적으로 볼 때 이 두 사람 외에도 여러 명의 여성 수학자가 있다. 그러나 많은 경우 여자라는 이유로 수학을 배울 기회가 제한되거나 능력을 인정받지 못했다. 그런 어려움 속에서도 히파티아나 제르맹은 열심히 수학 공부를 하였고 자신의 능력을 발휘하였다. 요즘은 여성이라고 해서 수학을 배울 기회가 제한되는 것도 아니고 능력을 인정받지 못하는 것도 아니다. 그러므로 더욱 더 많은 여성 수학자들이 등장할 것이고, 훌륭한 여성 수학자들이 우리나라에서도 많이 배출되기를 기대한다.

5

기타

5-1

마방진 이야기

스토쿠 게임이 굉장히 유행한 적이 있으며, 지금도 신문이나 잡지에서 스토쿠 게임을 심심찮게 볼 수 있다. 스토쿠 게임이란 가로, 세로 9칸씩 총 81칸으로 이루어진 정사각형에 1부터 9까지의 숫자를 겹치지 않게 적어 넣는 게임이다. 다만 가로, 세로 3줄로 이루어진 작은 정사각형 안에서도 1부터 9까지의 수가 겹치지 않게 들어가야 한다. 그런데 이와 비슷하면서도 다른 숫자 놀이로 **마방진**이 있다. 마방진이란 가로, 세로 3칸씩(또는 그 이상)으로 이루어진 정사각형에 1부터 9까지(또는 그 이상)의 수를 겹치지 않게 채워 넣었을 때 가로, 세로, 대각선의 합이 모두 같게 되는 숫자 배열을 말한다. 즉 숫자가 겹치지 않는다는 점에서는 스토쿠와 마방진이 같지만, 그 배열의 수의 합의 특성까지 고려한 점이 다르다.

그러면 마방진은 언제 생겨난 것인가?

마방진에 대한 유래는 전설로 전해지는 중국 하나라의 우임금 때로 거슬러 올라간다. 우임금은 매년 범람하는 황하의 물길을 정비하던 중 [그림 1]과 같이 이상한 그림이 새겨진 거북의 등껍질을 발견하였다. **낙서**라고 불리는 이 그림에는 1부터 9까지의 숫자가 가로, 세로 세 줄씩 배열되어 있는데, 가로, 세로, 대각선의 어느 방향으로 더해도 그 합이 15가 되었다. 이때부터 중국에서는 이 수의 배열을 세상의 비밀과 진리를 함축하고 있고, 우주와 주역의 원리를 담은 것으로 인식하게 되었다.

[그림 1]

제갈공명도 마방진을 이용하여 군사를 배치하였다고 한다. 즉 이와 같이 군사를 배치하면 어느 쪽을 봐도 군사들의 수가 같기에 같은 수의 군사로 진을 만들어도 전체 숫자가 더 많아 보여 적에게 두려움을 줄 수 있었다고 한다.

수학이 발달한 중세의 이슬람에서도 마방진은 마력을 가진 것으로 여겨 전장에 나갈 때 부적으로 쓰기도 했고, 점성술사들은 악마를 쫓는 부적으로 삼기도 했다. 16세기 독일의 화가 **뮐러**의 목판화에도 마방진이 그려져 있다. 가로, 세로가 3칸으로 되어 있는 마방진을 3차 마방진이라고 하는데, 3차 마방진은 위의 거북 등껍질에서 발견된 마방진 한 개밖에 없다. 가로, 세로가 4칸으로 되어 있는 4차 마방진은 880개, 5차 마방진은 2억7천5백30만5천 2백24개가 존재한다고 하는데, 6차 이상일 때는 그 수가 몇 개인지도 알지 못한다고 한다. 마방진을 만드는 방법은 인터넷에서 쉽게 찾아볼 수 있으므로 여러분도 여러 가지 마방진을 만드는 방법을 연구해 볼만할 것이다.

우리나라에서도 마방진에 대해 획기적인 공헌을 한 사람이 있는데, 조선 후기 유학자이자 수학자인 **최석정**(1646-1715)이라는 사람이다. 그가 쓴 **구수략**에는 [그림 2]의 **9차 마방진**과 [그림 3]의 **지수귀문도**라는 유명한 마방진이 있다. 9차 마방진은 1부터 81까지의 수가 중복 없이 배열되어 있는데, 전체적으로도 마방진이지만 그 안에 있는 9개의 작은 정사각형도 모두 마방진이 된다. 지수귀문도는 전체적으로 생긴 모양이 거북의 등 같다고 해서 붙여진 이름이다. 이 거북 등처럼 생긴 6각형에는 1에서 30까지의 수가 중복되지 않고 배열되어 있는데, 각각의 6각형의 수를 전부 더하면 어느 경우든 모두 93이 된다. 지금은 그 합이 91, 95 등 여러 값을 가지는 지수귀문도가 만들어

50	18	55	70	5	48	3	76	44
66	31	26	29	81	13	52	11	60
7	74	42	24	37	62	68	36	19
54	67	2	65	25	33	28	23	72
59	21	43	9	41	73	15	61	47
10	35	78	49	57	17	80	39	4
79	6	38	20	69	34	32	64	27
30	71	22	45	1	77	16	51	56
14	46	63	58	53	12	75	8	40

[그림 2]

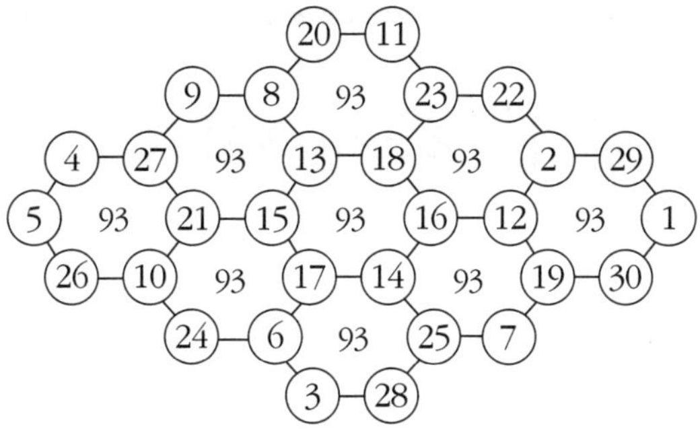

[그림 3]

지고 있지만, 최석정이 그 당시 어떻게 이런 마방진을 생각해 내었는지, 그의 독창적인 아이디어와 수에 대한 능력이 존경스럽고 자랑스럽다.

이와 같은 신비한 수의 배열 때문에 과거에는 마방진이 우주의 비밀을 간직한 신비스러운 것, 귀신을 쫓아내는 부적 등으로 사용되기도 하였으나, 지금은 그런 신비한 물건이라기보다는 재미있는 놀이의 일종으로 다루어지고 있다. 한편, 영국의 피셔(1890-1962)는 마방진을 이용하여 농업 생산성을 조사하기도 하였으며, 최근에는 시장 조사를 하거나 각종 실험의 결과를 관찰하는 데 이용되기도 한다고 한다.

여러분도 스토쿠나 마방진 또는 여러 가지 문제를 푸는 데만 만족하지 말고 거기에 어떤 규칙이 숨어 있는지를 찾아보려고 노력하고, 문제를 바꾸어보면서 새로운 아이디어를 만들어 내도록 노력한다면, 수를 이용한 창조의 기쁨을 누릴 수도 있을 것이다.

5-2 우리나라 수학의 역사

우리가 현재 학교에서 배우는 수학은 원래 우리나라에서 만들어지고 가르치던 것이 아니다. 1894년의 **갑오경장** 이후 학교에서 가르치는 산술의 내용은 완전히 유럽식으로 바뀌게 되어 오늘날까지 이어지고 있다.

그러나 어느 지역에서든 문화가 형성되면서 수학이 발전하게 마련이다. 5천 년 역사를 자랑하는 우리나라에서도 독자적으로 수학이 형성되고 발전해 왔다. **열**, **스물**, **서른**과 같은 수의 이름은 **십**, **이십**, **삼십**과 같은 중국의 이름과 다른 방식으로 만들어져 왔다는 사실에서도 우리나라 수학의 독자성을 짐작할 수 있을 것이다. 그러나 중국의 동쪽에 위치하여 비교적 안정되고 크고 넓은 것에 대한 필요성이 중국보다 적기 때문에, 정교하고 수준 높은 수학에 대한 필요성이 적었을 것이고, 중국의 수준 높은 수학의 영향으로 우리나라 독자적인 수학의 흔적을 찾아보기가 어려운 것 역시 사실이다. 특히 일제의 식민지 시대, 민족혼의 말살 정책과 서양 수학으로의 급격한 변화 때문에 우리나라 전통 수학의 역사를 살펴보는 일은 쉬운 일이 아니다. 그럼에도 불구하고 우리나라 수학의 발전 과정을 살펴보는 일은 매우 의미 있는 일이라고 생각된다.

신라 시대(서기 682년)에 수학을 가르쳤다는 기록이 삼국사기에 나온다. 그러나 그 이전부터 고구려와 백제, 신라에서 이미 수학이 발달하였다. 고대 이집트에서 땅을 측량하는 것과 관련하여 수학이 발달한 것처럼 우리나라에서도 수학이 독자적인 과목으로 발전하기보다는 성을 쌓고 일식과 월식을 예언하는 등과 관련하여 발달하였다. 예를 들어, 당시 성을 쌓는 기술자들은 다음과 같은 문제를 풀 수 있었다. 비례식을 안다면 여러분도 이 문제를 풀 수 있을 것이다.

일만 입방척의 땅을 파는데, 굳은 흙과 굳지 않은 흙의 부피는 각각 얼마인가? 단, 판 땅과 거기에서 나온 굳은 흙과 굳지 않은 흙의 부피의 비는 4 : 3 : 5이다.

고려 시대에는 통일신라 시대의 제도를 거의 그대로 답습하였으며, 궁정과학의 수준을 벗어나지 못하였다. 그러나 **조선 시대**에 들어와서 **세종**은 수학의 진흥을 위해 많은 노력을 하였다. 2011년 인기리에 방영되었던 드라마 **뿌리깊은 나무**에서 세종이 마방진 문제를 푸는 것처럼 세종은 수학에 큰 관심을 가지고 집현전 교리들에게 수학을 배우게 했고 자신도 **정인지**에게서 **산학계몽**이란 책에 대해 강의를 받기도 하였다. 산학계몽은 중국 원나라 **주세걸**이 1299년에 지은 수학 책이다. 세종대왕의 이러한 열의로 인해 당시 수학이 많이 진흥되었다. 2000년 12월 중국의 **장쩌민** 주석이 어느 중학교를 방문하여 수학 문제를 낸 적이 있었는데, 이처럼 지도자의 수학에 대한 관심이 그 나라의 수학 수준을 향상시키고 동시에 국가 발전의 동력이 될 수 있는 것이다. 최근 우리나라에서 수학에 대한 관심이 적어지고 있는 것은 이런 점에서 매우 우려되는 일이다.

세종 이후 우리나라 수학은 중국 수학사에서의 황금기라고 할 수 있는 송나라, 원나라 시대의 수학을 흡수하여 발전시키면서 독자적인 수학 역시 발전하고 있었다. 그러다가 임진왜란으로 중요한 수학 교과서들이 불타고 약탈당해 수학 분야에서도 많은 손실을 입었다.

그러나 그 이후 **경선징**(1616-?)의 **묵사집산법**, **최석정**(1645-1715)의 **구수략**, **홍정하**(1684-?)의 **구일집**, **황윤석**(1719-1791)의 **산학입문**, **홍대용**(1731-1783)의 **주해수용** 등 중요한 수학책들이 저술되었고, **남병철**(1817-1863)과 **남병길**(1820-1869) 형제, **이상혁**(1810-?) 등의 수학자들이 활동하였다.

경선징은 당대 제1로 꼽히던 수학자이다. 그는 특이하게 곱셈구구를 구구팔십일부터 거꾸로 시작하고, 이것을 나눗셈 구구에까지 적용하였다. 경선징은 또 묵사집산법에서 **소수**의 이름으로 **분, 리, 호, 사, 홀, 미, 섬, 사**를 제시하였다. 현재 우리는 이런 소수의 이름을 사용하지 않고 있으며, 다만 비율에서 $\frac{1}{10}$을 **할**, $\frac{1}{100}$을 **푼**이라고 부르고 있는데, 당시에는 소수의 이름으로서 $\frac{1}{10}$이 **분**이었다.

최석정은 명재상인 최명길의 손자인데 당시 대부분의 수학자들이 중인 출신인데 반해 그는 특이하게 사대부 출신이다. 그가 만든 9차 마방진과 지수귀문도는 지금도 세계적으로 유명한 마방진이다. 최석정의 구수략에서는 큰 수를 나타내는 방법을 기술하였는데, 하수, 중수, 상수의 방법이 있다고 한다. 십만을 억, 십억을 조, 십조를 경이라고 하는 것은 하수의 방법이고, 만만을 억, 만만억을 조, 만만조를 경이라고 하는 것은 중수의 방법, 만만을 억, 억억을 조, 조조를 경이라고 하는 것은 상수의 방법인데, 상수의 방법과 하수의 방법 모두 불편한 점이 있어서 중수로 자리를 정한다는 것이다. 우리는 현재 중수의 방법으로 큰 수의 이름을 정하고 있다.

홍정하의 아버지와 할아버지, 장인 모두 수학자로, 홍정하는 전형적인 수학자 집안 출신이다. 그는 구일집에서 문자를 사용하여 방정식을 세우는 방법인 **천원술**에 대해 설명하고 있다. 원래 천원술은 중국에서 시작되었으며 주세걸의 산학계몽에 수록되어 있었으나, 이 무렵 중국에서는 사라지고 조선에서는 더욱 발전된 형태로 남아서 조선 수학의 발달에 중요한 역할을 하였다. 구일집에는 1713년에 조선에 와 있던 중국 수학자 하국주를 홍정하가 찾

아가서 수학에 대해 이야기하는 기록이 있다. 홍정하가 구 모양의 옥돌에 내접하는 정육면체의 한 변의 길이를 구하는 문제를 하국주에게 물었는데, 이것은 지금 방식대로 하면 **삼차방정식** 문제가 된다. 하국주는 "이것은 아주 어려운 문제다. 당장 풀지는 못하지만 내일 답을 주겠다."고 대답했다. 그러나 그는 끝내 답을 내놓지 못하였다. 이처럼 당시 우리나라 수학은 당시 중국 수학보다 우수한 부분도 있었다.

중인 출신인 이상혁은 사대부 출신인 남병길과 공동 연구를 하면서 서양 수학의 방법을 받아들인다. 이상혁은 **차근방몽구**라는 수학책을 썼는데, **차근방**은 서양의 **대수**를 번역한 말이다. 이 책에서는 일차방정식, 이차방정식, 삼차와 사차방정식을 다루고 있다. 이상혁은 차근방몽구를 쓰고 나서 곧바로 **산술관견**이라는 책을 썼는데, 이것은 도형과 관련된 책이다. 이 책을 본 어느 일본의 수학자가 '조선에서는 그야말로 전인미답의 경지를 개척하였다.'고 칭찬할 정도로 이 책은 탁월한 수학 연구였다.

우리나라의 수학책은 대부분 문제, 답, 풀이의 순서로 쓰였다. 문제를 쓸 때는 **금유**(지금 …이 있어), 답을 쓸 때는 **답왈**, 풀이 방법을 나타낼 때는 **법왈** 또는 **술왈**과 같이 시작한다. 이것은 한나라 시대의 **구장산술**의 방식을 그대로 따른 것이다.

동양 수학은 서양 수학과 다른 형이상학적인 전통에서 출발하였으며 관료조직 속에서 성장하였기 때문에 서양 수학이 들어오면서 이를 극복하지 못하고 몰락의 길을 걷게 되었다. 특히 1894년 갑오경장 이후 실시되기 시작한 새로운 학교교육 체제 하에서

전통적인 산술은 영영 그 모습을 감추어 버리고 말았다.

이제 우리나라 수학계는 서양 수학을 받아들이고 이를 발전시키고 있다. 우리가 우리의 전통에만 매달려 잠시 개방을 소홀히 하고 좁은 땅에서 우물 안 개구리처럼 구는 동안 많은 분야에서, 그리고 수학 분야에서도 세계에서 뒤쳐졌다. 그래서 수학의 노벨상이라고 하는 **필즈상**을 일본의 경우에는 이미 몇 명의 수학자가 수상하였고 중국의 수학자도 수상한 적이 있는데, 우리나라 수학자는 아직 필즈상을 받지 못하였다. 그렇지만 우리 민족은 저력이 있고 창의력이 있는 민족이다. 지금 세계 수학계에서 큰 역할을 하는 수학자들도 많이 있다. 그러므로 조만간 우리나라 수학이 세계 수학계에 우뚝 설 날이 올 것이라 믿는다. 젊은 여러분이 그런 역할을 해 주기를 기대한다.

5-3 확률은 누가 만들었을까?

초등학교 6학년 2학기 수학 교과서에서는 '모든 경우의 수에 대한 어떤 사건이 일어날 경우의 수의 비율'을 **확률**이라고 약속(정의)한다. 초등학생들이 확률 계산은 잘할 수 있겠지만 확률의 개념을 제대로 이해하기는 쉽지 않다. 확률이란 반복해서 시행할 수 있는 어떤 우연한 현상의 한 가지 결과가 일어날 가능성을 0과 1 사이의 수로 나타낸 것이다. 예를 들어, 주사위를 던졌을 때 3의 눈이 나올 가능성을 수치로 나타내면 $\frac{1}{6}$이 된다. 이러한 확률은 어떻게 발달해 왔을까?

오랜 옛날부터 사람들은 주사위 놀이를 했다. 기원전 3500년경 주사위 놀이에 사용되었던 것으로 보이는 양의 뒷꿈치 뼈가 발견되었으며, 기원전 300년경에 바빌론에서 사용된 것으로 보이는 담황색 도자기는 거의 완벽한 정육면체 주사위였다. 우리나라에서도 신라 시대에 주사위 놀이를 했던 것 같다. 안압지에서 발견

1. 한 번에 술 석 잔 마시기
2. 여러 사람 코 두드리기
3. 스스로 노래 부르고 마시기
4. 술을 다 마시고 크게 웃기
5. 소리 없이 춤추기
6. 덤벼드는 사람이 있어도 가만히 있기
7. 얼굴 간질여도 꼼짝 않기
8. 팔을 구부려 다 마시기
9. 더러운 물건을 버리지 않기
10. 월경 한 곡조 부르기
11. 시 한 수 읊기
12. 누구에게나 마음대로 노래 시키기
13. 스스로 괴래만을 부르기
14. 술 두 잔이면 쏟아 버리기

안압지 출토 14면 주사위 각 면에 쓰여진 벌칙

된 신라시대의 14면 주사위인 **목재주령구**에는 다음과 같은 여러 가지 벌칙이 쓰여 있다. 목재주령구를 던질 때 어떤 벌칙이 나올지 아무도 미리 알 수는 없기 때문에 놀이를 하는 사람들이 긴장하고 재미있어 했을 것이다.

이와 같은 **우연**이 관련되는 게임이 오래 전부터 있었지만, 15세기까지는 우연에 대한 문제가 수학적으로 다루어지지는 않았다. 수학적으로 다루기 어려운 점도 있었겠지만, 모든 것은 하나님의 의지에 따라 정해졌으며 우연적인 것은 아니라는 기독교 사상의 영향 때문이라고 생각된다.

우연의 게임에 대해 인쇄된 최초의 책은 1494년에 간행된 **파촐리**의 **산술집성**이다. 그는 승부가 결정되기 전에 게임이 중단되었을 때 상금을 공정하게 분배하는 **분배 문제**의 해결 방법에 대해 적고 있다. **카르다노**(G. Cardano, 1501-1576)는 도박꾼을 위한 책을 썼는데, 그는 이 책에서 한 개의 주사위를 사용하는 문제를 푸는 어떤 법칙에 대해 쓰고 있다. 카르다노는 이러한 지식을 이용하여 주사위 도박에서 많은 돈을 벌기도 하였다. 50여 년 후에는 **갈릴레오**가 세 개의 주사위를 사용하는 문제를 다루었다.

그러나 수학으로서의 확률론의 탄생은 **드메레**가 1654년 파스칼에게 보낸 두 가지 문제에서 시작된다. 도박꾼인 드메레는 수학 실력이 꽤 있었기 때문에 카르다노처럼 도박에서 많은 돈을 벌었다. 그러나 '주사위를 4번 던졌을 때 6의 눈이 적어도 한 번 나오는 경우와 두 개의 주사위를 24번 던졌을 때 (6, 6)이 적어도 한 번 나오는 경우 중 어느 것에 거는 게 유리한지'에 대해서 드메레는 6 : 4 = 36 : 24이므로 어디에 걸어도 상관없다고 생각했다. 그러나 파스칼은 주사위를 4번 던질 때 적어도 한 번 6이 나오는 것에 내기를 거는 것이 더 유리하다는 것을 쉽게 계산해 내었다. 그렇지만 파스칼도 드메레가 낸 다음의 두 번째 분배 문제는 쉽게 해결하지 못했다.

A, B 두 사람이 내기 돈을 걸고 5회 먼저 이기는 사람이 내기 돈을 모두 갖기로 하였다. 매회 두 사람이 이길 확률은 각각 반반이다. A가 4 : 3으로 유리한 상황에서 게임이 중단될 때, 내기 돈을 어떻게 나누는 것이 공평한가?

많은 사람들은 이 경우 4 : 3으로, 또는 A는 한 번 이기면 되고 B는 두 번 이겨야 하므로 2 : 1로 나누어 가지면 된다고 생각하였다. 파스칼은 이 문제에 대해서 오래도록 고민했고, 편지를 통해 **페르마**와 해결 방법을 논의하였다. 그런데 페르마가 푼 방법이 너무 어려워서 파스칼이 다른 방법을 찾아내었다.

파스칼과 페르마 이후 많은 수학자들이 확률에 대해 연구하기 시작하였는데, 특히 **라플라스**가 확률론의 발달에 중요한 기여를 하게 된다. 라플라스는 각각의 근원사건이 일어날 가능성이 같다는 것을 가정하여, 근원사건이 N개인 경우 m개의 근원사건으로 구성된 어떤 사건 A가 일어날 확률 $P(A)$을

$$P(A)=\frac{m}{N}$$

과 같이 정의하고, 확률 계산에 관한 중요한 이론을 제공하였다.

이러한 정의는 초등학교 수학책에서 확률을 정의한 것과 같은 의미이다. 예를 들어, 주사위를 던질 때 근원사건은 1이 나오는 사건, 2가 나오는 사건, …, 6이 나오는 사건 등 모두 6가지이다. 그러므로 주사위를 던질 때 짝수가 나오는 사건은 근원사건 3개로 구성된 것이므로 짝수가 나올 확률은 $\frac{3}{6}=\frac{1}{2}$이 된다. 여기서 중요한 것은 각각의 근원사건이 일어날 가능성이 같아야 한다는 점이다. 주사위를 던질 때 각각의 근원사건이 일어날 가능성은 같지만 윷을 던질 때 안면이 나올 가능성과 겉면이 나올 가능성이 같지 않기 때문에 윷가락을 던질 때 나오는 사건에 대해서는 라플라스

의 방식으로는 확률을 구할 수 없다.

윷가락은 안면과 겉면이 같은 모양이 아니기 때문에 안면과 겉면이 나올 확률이 같은 것이 아니다. 우리 경험으로 **윷**보다는 **모**가 더 자주 나온다는 것을 알고 있다. 실제로 윷가락 한 개를 던질 때 겉면이 나오는 확률은 윷의 재질 등에 따라서 달라지지만 대략 60% 정도가 된다. 예를 들어 겉면이 나올 확률을 0.6으로 하여 확률을 계산해 보면,

1) 도가 나올 확률은

$0.6 \times 0.6 \times 0.6 \times 0.4 \times 4 = 0.3456$

2) 개가 나올 확률은

$0.6 \times 0.6 \times 0.4 \times 0.4 \times 6 = 0.3456$

3) 걸이 나올 확률은

$0.6\times0.4\times0.4\times0.4\times4=0.1536$

4) 윷이 나올 확률은

$0.4\times0.4\times0.4\times0.4\times1=0.0256$

5) 모가 나올 확률은

$0.6\times0.6\times0.6\times0.6\times1=0.1296$

각각의 근원사건이 일어날 가능성이 같다는 전제 하에 정의한 라플라스의 확률을 **수학적 확률**이라고 하고, 윷과 같이 각각의 근원사건이 일어날 가능성이 서로 다른 경우에는 여러 번 던져서 그 확률을 정하게 되는데, 이런 확률을 **통계적 확률**이라고 한다. 라플라스 이후에 확률을 새롭게 정의하려고 시도하면서 확률론은 더욱 발전하게 되었다.

5-4

퍼센트는 언제부터 사용했을까?

그룹 엠블랙의 앨범 타이틀곡 이름이 100%이고, 우리나라 사람들의 행복 지수가 19%에 불과하다고 하는 것처럼, **퍼센트**라는 말은 아주 흔하게 사용되는 용어이다. 퍼센트(percent)는 '매 백 번마다'를 의미하는 per centum에서 나온 말인데, 1달러가 100센트라는 사실을 알면 이해하기가 쉬울 것이다. 퍼센트는 전체를 100으로 했을 때 어떤 대상이 차지하는 비율의 단위를 나타내는 용어로, 한자어로는 **백분율**이라고 한다.

지금으로부터 400여 년 전 벨기에의 **스테빈**(Stevin, 1548-1620)이라는 수학자가 분모가 10, 100, 1000과 같은 분수를 생각하여 소수를 만들었는데, 소수가 만들어지기 훨씬 전에도 계산을 편하게 하기 위해서는 $\frac{1}{10}$, $\frac{1}{100}$과 같은 분수가 필요하였다. 고대 로마에서는 노예를 매매하거나 상품을 판매하면 그 값에 $\frac{1}{20}$, $\frac{1}{25}$, $\frac{1}{100}$ 등의 세금을 부과하였는데, 이러한 분수들은 쉽게 분모가 100인 분수로

고칠 수 있는 것들이다.

중세 시대에 와서 더 큰 화폐 단위가 필요하게 되면서 사람들은 분모가 100인 분수를 화폐 단위로 사용하였다. 그래서 15세기 이탈리아에서는 20 p 100, xp cento와 같은 표현이 나타나게 되는데, 이것은 각각 20%, 10%를 의미한다. 그러므로 이미 15세기에 퍼센트라는 개념이 사용되었다고 할 수 있다. 16세기에는 상업 수학 책에 이자나 이익과 손실과 관련하여 퍼센트가 중요하게 사용되었다.

퍼센트의 기호는 15세기 상업 책에서 발견된다. 다른 여러 수학 기호들처럼, 퍼센트 기호도 처음에는 퍼센트를 나타내는 이탈리아의 per cento라는 말을 줄여서 per c 또는 p c와 같이 표현되었다. 17세기 중반에는 이 기호가 per $\frac{o}{o}$ 형태로 발전하게 되고 나중에 per가 사라져서 현재와 같은 % 형태가 되었다.

100을 기준으로 한 퍼센트는 1000을 기준으로 한 **퍼밀리지**(단위는 퍼밀)로 발전하게 된다. 그래서 퍼밀리지는 per M과 같이 나타내었다. 이것은 우리나라의 원화(₩)나 일본의 엔화(¥) 등과 같이 화폐 단위에 가로선을 긋는 것과 같은 원리로서, 16세기에 이런 표현이 사용되었다. 최근에는 퍼밀을 ‰과 같이 나타낸다. 퍼센트와 퍼밀의 기호인 %과 ‰은 상당히 비슷하며 재미있다. 두 기호에 비스듬히 있는 사선을 맨 앞으로 옮기면 두 기호는 각각 100, 1000이 된다. 이것을 보고 %는 백분율, ‰는 천분율임을 쉽게 알 수 있다.

퍼센트 외에도 비율을 나타내는 데 **할푼리**라는 용어를 사용하기도 한다. 할푼리는 일본에서 유래한 이름으로, 0.1을 할, 0.01을 푼, 0.001을 리라고 한다. 이러한 할푼리는 특히 이율을 정하거나 야구선수들의 타율을 말할 때 자주 사용된다.

비율을 나타내는 퍼센트나 할푼리는 수학 용어이지만 일상생활에서도 많이 사용된다. 이러한 용어를 사용하면 얼마나 증가 또는 감소했는지, 전체에서 차지하는 비중이 어느 정도인지를 쉽게 나타낼 수 있으며, 또는 두 양의 크기를 비교하는 데도 편리하다. 그러므로 이러한 용어나 기호를 잘 이해해 두면 여러모로 유용할 것이다.

수학의
참 재미를 찾아줄
수학오디세이

셈도사 베레미즈의 모험

말바 타한 지음 | 이혜경 옮김 | 320쪽

2003년 교보문고 좋은책 선정도서/
2003년 '책으로 따뜻한 세상 만드는 교사들' 권장도서

"매혹적이고 흥미로운 수학의 수수께끼… 그리고 《아라비안나이트와》 절묘한 조화!"
페르시아 한 마을의 목동 베레미즈가 부와 명예, 그리고 아름다운 텔라심의 사랑을 얻기까지의 흥미롭고 감동이 있는 모험의 세계를 만날 수 있다.

왓슨, 내가 이겼네!

콜린 브루스 지음 | 이은희 옮김 | 344쪽

간행물윤리위원회 51차 청소년 권장도서/2005년 서울시교육청 추천도서

셜록 홈즈와 떠나는 수수께끼 사건과 수학 이야기!
셜록 홈즈의 추리소설 형식을 띤 이 책은 영원한 진리, 즉 상식에 대한 지나친 의존과 수학에 대한 무지가 우리를 곤경에 빠뜨릴 수 있음을 드러내는 이야기이다.

행복한 교과서, 수학자를 만나다

계영희·김성숙·김성옥·김완순·박혜숙·신경희·이정례·정문자·최은미 지음 | 260쪽

간행물윤리위원회 제61차 청소년 권장도서

중등 교과서에서 접하는 수학 천재들의 삶을 이야기한다. 수학자들의 어린 시절과 성장 과정, 수학을 공부하게 된 동기, 그리고 가족과 친구들의 후원과 격려, 재미난 에피소드, 주요 업적 등 그들이 만든 중요 개념과 더불어 이야기한다.

수학 스펙트럼

테오니 파파스 지음 | 서영조 옮김 | 264쪽

2004년 교보문고 좋은책 157선

이 책은 수학과 관련하여 고대의 동굴에 새겨진 빗살무늬 모양에서 현대의 양자컴퓨터에 이르기까지 다양한 주제를 다루고 있다.

빙글빙글 수학 놀이공원

이바스 피터슨 · 낸시 헨더슨 지음 | 송명진 옮김 | 164쪽

2005년 서울시교육청 추천도서

수학 놀이공원이 새로 문을 열었습니다. 프랙털 숲속에서의 산책, 뫼비우스 롤러코스터, 어질어질 회전 팽이 차에 숨어 있는 아찔한 수학 원리.

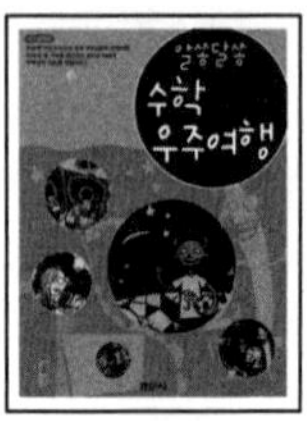

알쏭달쏭 수학 우주여행

이바스 피터슨 · 낸시 헨더슨 지음 | 송명진 옮김 | 166쪽

2005년 서울시교육청 추천도서

우주 한가운데를 뚫고 날아가는 신나고 멋진 여행! 어느 날 이상한 카운트다운과 함께 우주선으로 변해버린 미미의 작은 방. 소행성에 불시착한 미미는 숫자 외계인과 멋진 야구 경기 한판을 하게 되는데….

신화 속 수학 이야기

이광연 지음 | 236쪽

그리스 로마 신화와 하나가 된 수학 이야기
헤라클레스와 히드라의 한판 승부에서 엿보는 거듭제곱의 신비, 신들의 왕인 제우스와 숫자 3의 관계, 트로이 전쟁의 불씨가 된 불화의 사과와 파스칼의 사이클로이드, 다이달로스의 미로 탈출 작전….

고양이 펜로즈, 수학에 빠지다

테오니 파파스 지음 | 이은희 옮김 | 134쪽

어, 이 숫자의 배열은 무슨 의미이지, 사각형의 종이가 새가 되어 날아가 버렸어… 현대 수학의 묘미에 푹 빠진 펜로즈의 활약상.

수학의 스캔들(개정판)

테오니 파파스 지음 | 고석구 · 이만근 옮김 | 176쪽

뉴턴의 사과 이야기는 지어낸 것이다? 미적분학의 원조 싸움으로 영국과 프랑스가 한판 붙었다? 최초의 여성 수학자는 살해당했다? 대수학자도 싸우고, 질투하고, 거짓말을 했다. 그들도 일반인과 같이 사랑, 미움, 탐닉, 복수, 질투, 명예와 돈에 대한 욕망 등의 결점을 지니고 있었다. 수학의 역사 이면에 숨겨진 사실들을 소개한다.

제로 이야기

마리아 이사벨 모리나 지음 | 김승욱 옮김 | 176쪽

이 이야기는 시디 시프르, 즉 '0의 사나이'라 불리는 한 젊은이에서부터 시작된다. 이슬람과 기독교의 충돌 속에서 0을 전파시킨 한 젊은이의 모험과 로맨스가 펼쳐진다. 저자는 역사적인 사건과 인물 속에 가공의 주인공을 창조하여 새로운 수의 체계가 도입되기 위해 싸워야 했던 수많은 어려움에 대해 아주 생생하게 묘사하고 있다.

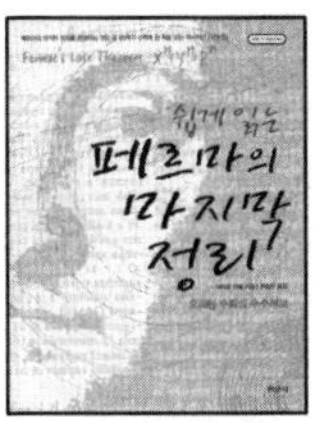

쉽게 읽는 페르마의 마지막 정리

아미르 악셀 지음 | 한창우 옮김 | 198쪽

지난 300년간 수학자를 괴롭혀온 수학사의 공개되지 않은 이야기
3세기가 넘도록 페르마의 마지막 정리는 수학에서 가장 유명한 미해결 문제였다. 여기 그것이 어떻게 해결되었는가에 대한 이야기가 있다. 수학에 대한 간략한 역사서로 훌륭한 책.

세상에서 가장 빠른 계산법

프라딥 쿠머 지음 | 방일우 옮김 | 154쪽

이 인도 경전 《베다》에 나오는 빠른 계산법은 계산을 쉽게 하는 구체적인 방법과 결과를 알려준다. '어떻게 하면 계산이 빨라질까?' 하는 의문을 이 책에서 소개하는 공식을 이용하면 빠르게 해결할 수 있다. 이 책은 곱셈과 나눗셈, 제곱, 세제곱, 제곱근, 세제곱근과 연립방정식을 쉽게 풀 수 있는 비법을 일러준다.

이상한 나라의 사각형

에드윈 애벗 지음 | 신경희 옮김 | 198쪽

이 책은 주인공 사각형이 사는 이차원의 세계인 플랫랜드뿐 아니라 우리의 상상력으로 따라갈 수 없는 포인트랜드, 일차원의 라인랜드 그리고 삼차원의 공간인 스페이스랜드 등 다양한 차원에서의 삶에 대해서 자유로운 상상의 나래를 펼친다.

수학을 빛낸 여성들

린 M. 오센 지음 | 이혜숙·계영희·최은미·김성숙·이희정·주종미·정경순·김기원·김경화·신경희·최영주 옮김 | 208쪽

2006년 과학문화재단 출판지원도서

수학에서 가장 위대하며, 가장 오래 보존될 지적 성취에 여성도 참여해 왔다는 것을 무시해서는 안 된다. 수학 분야에 남겨진 여성의 훌륭한 유산, 그 의미를 되새겨본다.

왜 나는 수학이 어려울까?

아리아 노리코 지음 | 김정화 옮김 | 204쪽

수학 시간이 너무 싫은 아이들을 위한 흥미 유발 프로젝트.
이 책은 왜 수학을 공부하고, 어떻게 하면 수학에 대한 선입견을 바꿀 수 있는지 알려줍니다. 또 '왜', '어떻게'를 생각할 수 있는 힘을 키우도록 도와줍니다.

웃기는 수학이지 뭐야(개정판)

이광연 지음 | 268쪽

이 책은 웃긴다. 마치 코미디 프로그램 같다. 그러면서도 품위가 있다. 그것은 학문적인 유머와 한 시대를 살았던 수학자들의 재미있는 일화들이 어우러져 있기 때문이다. 이 책은 수학에 맛들인 사람이나 맛을 보고 싶은 사람을 위한 책이다. 수학과 논리에 얽힌 유머와 유명한 수학자들에 관한 일화가 잔뜩 들어 있는 이야기보따리!

엄마들이 궁금한 수학 Q&A

일본수학교육협의회·긴바야시 코 지음 | 전재복 옮김 | 312쪽

아이들이 쉽게 범하는 수학시험의 실수와 어려움을 어떻게 해결할 수 있을까?이 책은 수학을 어려워하는 자녀를 둔 학부모는 물론 교육현장에서 수학을 가르치는 교사들에게도 아이들이 어려워하는 수학을 쉽게 접근할 수 있는 방법을 알려주는 훌륭한 교육해법 가이드이다.